ERFOLGREICHE FÜHRUNG DURCH SYSTEMISCHE FRAGETECHNIKEN

Spielend einfach zur besseren Führungskraft werden, überzeugend auftreten, Mitarbeiter motivieren und begeistern.

TILLMANN ROLLENSCHEIDT

Tillmann Rollenscheidt

1. Auflage

ISBN: 9798848520095

Gedruckt im Selbstverlag

Druck: Amazon Media EU S.à r.l., 5 Rue Plaetis, L-2338, Luxembourg

Bibliografische Information der Deutschen Nationalbibliothek: Die Deutsche Nationalbibliothek verzeichnet diese Publikation in der Deutschen Nationalbibliografie; detaillierte bibliografische Daten sind im Internet über http://dnb.d-nb.de abrufbar

Inhaltsverzeichnis

Einleitung

Wer kennt es nicht? Stundenlange Diskussionen im Büro zwischen Mitarbeitern, festgefahrene Unterhaltungen, die den Sachverhalt nicht vermitteln, sowie Problemstellungen, für die sich im Team schier keine Lösungen finden lassen. Was auch unternommen wird, um den Konflikt zu lösen, ein Ausweg aus dieser Sackgasse scheint nicht in Sicht. Mehrgenerationale Teams, ständig im Wandel befindliche Arbeitsprozesse und dynamische Unternehmensveränderungen verlangen von Führungskräften moderner Zeiten ein hohes Maß an Komplexität.

Solche und ähnliche Situationen können in Teams immer wieder vorkommen. In Organisationen, Gruppen sowie im beruflichen Alltag gibt es zahlreiche Situationen, in denen Probleme auftreten, die von den Mitarbeitenden erkannt werden, aber durch fehlende Lösungsbereitschaft nicht effektiv und zielführend abgeschlossen werden können.

Durch den Wandel der Arbeitswelt und die Zunahme der Komplexität der Arbeitsaufgaben sowie die Schnelllebigkeit der gelieferten Informationen und die Zunahme der Arbeitsbelastung für den Einzelnen steht die Arbeitswelt vor neuen Herausforderungen. Mit diesen neuen Herausforderungen sehen sich auch die Führungskräfte, die diese Arbeitswelten gestalten, konfrontiert. Sie werden häufig vor große Aufgaben hinsichtlich ihrer Führungsverantwortung gestellt, wenn es darum geht, die Problemlösung effektiv zu gestalten.

Bei der Bewältigung neuer Arbeitsaufgaben kommt der Kommunikation von Mitarbeitern, Führungskräften und Vorgesetzten vor dem Hintergrund dieser dynamischen Prozesse eine zentrale Rolle zu. Aufgabe der Führungskräfte ist es dabei, Kommunikation effektiv zu gestalten, sodass Unternehmensprozesse davon profitieren.

Um sich solchen Veränderungen zu stellen, sind Führungskräfte dazu angehalten, auf allen Ebenen des Unternehmens nach Ansätzen und Strategien zu suchen, die der Veränderungsdynamik gerecht werden.

Mit gewohnten Herangehensweisen stoßen Führungskräfte hierbei häufig an ihre Grenzen. Der Einsatz von gezielten Fragetechniken aus dem systemischen Kontext kann hierbei Abhilfe schaffen, wenn Kommunikationsprozesse zukünftig nachhaltig und zielführend gestaltet werden sollen. Um in Zukunft solchen Situationen besser begegnen zu können, lohnt sich für Führungskräfte ein Blick auf die Technik des systemischen Fragens. Sie können die Komplexität von Prozessen und Denkweisen besser erfassen und bei der Lösung von komplexen Problemstellungen dienlich sein.

Was sind systemische Fragen?

Das Konzept der "systemischen Fragen" hält zunehmend Einzug in die moderne Arbeitswelt. Stetige Veränderungen und rasche Wandlungsprozesse verlangen von Führungskräften gezielte Interaktionen, wenn es darum geht, Führungskompetenzen unter Beweis zu stellen. Organisationen und Unternehmen setzen vor dem Hintergrund der Veränderungsprozesse zunehmend darauf, eine Verschiebung des Fokus vorzunehmen: Es soll nicht mehr darum gehen, Probleme zu identifizieren und sie zu benennen, sondern durch die Betrachtung des Systems Organisation/Unternehmen soll ein ganzheitliches Bild erzeugt werden, das sich nicht mehr an Defiziten orientiert, sondern sich auf Lösungen fokussiert.

Neben Maßnahmen, welche die Förderung der Fähigkeiten von Mitarbeitern betreffen, steht auch die Anpassung der Unternehmensstrukturen und Führungskompetenzen im Fokus. Um wettbewerbsfähig zu bleiben, müssen Unternehmen den Marktanforderungen gerecht werden.

Um den Marktanforderungen zu entsprechen, benötigen Unternehmen motivierte Fachkräfte, die gewillt sind, ihr Potenzial vollständig auszuschöpfen und die wirtschaftliche Entwicklung des Unternehmens voranzutreiben. Um dieses Ziel zu erreichen, sind Führungskräfte angehalten, durch gezielte Mitarbeiterinteraktion und Kommunikation dazu beizutragen, dass Mitarbeiter sich im Unternehmen wohlfühlen und motiviert bleiben. Nur so sind Unternehmen in der Lage, ihre wirtschaftliche Leistungsfähigkeit unter den Anforderungen des Marktes auf Dauer aufrechtzuerhalten.

Nun werden Sie sich sicherlich fragen: Was sind systemische Fragen und was haben diese damit zu tun?

Jede Kommunikation, ganz gleich welcher Art, wird durch Fragestellungen an das Gegenüber geführt. Sie treiben den Redefluss voran und lenken das Gespräch. Das Fragen dient der Informationsbeschaffung zu einem bestimmten Sachverhalt. Hinsichtlich der Fragemethodik werden dabei verschiedene Fragetypen unterschieden, die unterschiedliche Wirkungen haben können und unterschiedliche Ziele verfolgen.

Tillmann Rollenscheidt

Dass Fragen als Schlüssel zur Welt verstanden werden, macht sich auch die systemische Fragetechnik zunutze. Im Gegensatz zum standardisierten Fragen geht es beim systemischen Fragen jedoch nicht in erster Linie darum, Erkenntnisse zu gewinnen und zu vermitteln. Es dient vielmehr dazu, dem Gesprächspartner neue Möglichkeiten aufzuzeigen und ihn zum Nachdenken anzuregen. Dies kann in Unterhaltungen im Arbeitskontext dazu führen, dass eingefahrene Diskussionen und Problemstellungen einen neuen Blickwinkel erhalten, der in der Konsequenz die Problemlösung im Team fördert.

Bei systemischen Unternehmensansätzen wird die Organisation als Ganzes betrachtet. Dabei ist es das Ziel, Problemzusammenhänge in ihrer Ganzheitlichkeit zu erfassen und Wirkungszusammenhänge zu analysieren und zu optimieren.

Systemische Fragestellungen bilden in diesem Kontext einen Überbegriff für unterschiedliche Fragetypen, die in (systemischen) Beratungskontexten angewandt werden, um Problemstellungen neu zu bewerten und effektiv zu lösen.

Eingesetzt wird die Technik des systemischen Fragens häufig von Beratern oder Coaches, um Klienten dazu zu befähigen, sich selbst und ihre Denk- und Handlungsmuster zu reflektieren. Ziel ist es dabei, die Gesprächspartner von ihrer jeweiligen Sichtweise zu lösen und Offenheit für andere Blickwinkel zu erzeugen. Losgelöst von eigenen Handlungsmustern sollen die Beteiligten in alternativen Kategorien denken und auf diese Weise neue Lösungswege erkennen.

Die Technik des systemischen Fragens kann Denkblockaden auflösen und neue Wege aufzeigen. Dazu sind systemische Fragen so formuliert, dass sie den Gesprächspartner zu neuen Sichtweisen anregen. Sie werden immer dann eingesetzt, wenn Diskussionen zwischen Mitarbeitenden in eine Sackgasse laufen und die

Sachinformationen und Fakten bezüglich der ursprünglichen Fragestellung aufgrund von Meinungen und Emotionen der Beteiligten in den Hintergrund getreten sind.

Um systemische Fragen so zu gestalten, dass sie gelingen, müssen grundsätzliche Regeln beachtet werden: Beim aktiven Eintritt in bestehende Gespräche Ihrer Mitarbeitenden übernehmen Sie ab diesem Moment die Gesprächsführung der Diskussion. Systemische Fragen sollten eindeutig formuliert werden, damit sie nicht falsch verstanden werden. Niemand darf sich persönlich angegriffen fühlen.

Darüber hinaus sollten Sie mit gutem Beispiel vorangehen und auch Ihre eigenen Denk- und Handlungsmuster offen überdenken, wenn es im Rahmen der Zusammenarbeit nötig ist und die Lösungsfindung fördert.

Als Führungskraft übernehmen Sie eine Vorbildfunktion und sollten nichts von Mitarbeitern erwarten, was Sie nicht auch für sich selbst umsetzen. Damit systemische Fragestellungen gelingen, bedarf es beim Fragesteller vor dem Einsatz im Arbeitskontext der Übung.

Vorteile systemischer Fragen

Die Vorteile des systemischen Fragens bestehen darin, dass sich völlig neue Wege für die Problemlösung ergeben können, indem alte Blickwinkel durch neue ersetzt werden. Gerade schwierige und komplexere Problemstellungen lassen sich mithilfe systemischer Fragestellungen völlig neu bewerten. Sie fördern die Kommunikation zwischen den Gesprächsparteien, sowohl im Einzelkontext als auch in Gruppen oder Meetings. Zudem unterstützen sie dabei, das Gegenüber besser zu verstehen, und machen die Beweggründe für mögliche Ideen und Ansätze des jeweiligen Gesprächspartners durch gezieltes Fragen nachvollziehbarer für das Team.

Durch den Einsatz von systemischen Fragen können Denk- und Handlungsmuster besser nachvollzogen werden. Hintergründe zu bestimmten Sachverhalten werden durch gezieltes Bewerten der Situation aus einem anderen Blickwinkel zudem deutlicher und geben somit Anregungen für mögliche Lösungsansätze. Sie klären den Kontext, analysieren Wechselwirkungen mit anderen unternehmerischen Zusammenhängen und nehmen Differenzierungen vor. Die Absicht, die der Fragende damit verfolgt, ist dabei immer, weitere Handlungsmöglichkeiten aufzudecken sowie Fähigkeiten und Kompetenzen, die in Vergessenheit oder in den Hintergrund geraten sind, Sichtbarkeit zu verleihen.

Nachteile systemischer Fragen

Nachteilig an systemischen Fragestellungen ist sicherlich die Tatsache, dass sie, bis sie sich im Unternehmen etabliert haben, der Übung bedürfen. Auch gilt es, die Mitarbeiter vom Mitwirken am systemischen Prozess zu überzeugen und den jeweiligen Fragen mit der für das Ergebnis benötigten Offenheit gegenüberzutreten. Ein weiterer Nachteil des systemischen Fragens liegt vor allem darin, dass das Ergebnis des systemischen Prozesses und damit die Ausgestaltung der Problemlösungs- und Handlungsstrategien im Unternehmen stark von der Ausdrucksfähigkeit des Fragestellenden abhängig sind. Ist die Frage falsch, schlecht oder uneindeutig formuliert, wird der Befragte auch nicht dazu befähigt, einen anderen Blickwinkel einzunehmen und sein eigenes Handeln und Denken zu reflektieren. Im Gegenteil: Der Befragte wird durch uneindeutig oder unklar formulierte Fragen verwirrt und kann infolgedessen keinen Perspektivenwechsel vornehmen.

Aus diesem Grund ist es für Führungskräfte und Nutzer des systemischen Fragens wichtig, sich im Vorfeld mit den Techniken vertraut zu machen und die Anwendung im Alltag ausgiebig zu üben, bevor diese Techniken im beruflichen Kontext zum Einsatz kommen.

Warum gute Führung viel Zeit spart

Zunächst einmal ist anzunehmen, dass die Hauptaufgabe der Führung darin besteht, den Mitarbeitern strategische Ziele zu kommunizieren und sicherzustellen, dass selbige auch tatsächlich verfolgt bzw. realisiert werden. Die Dynamik und die Komplexität der Arbeitsaufgaben, die der Arbeitsalltag mit sich bringt, bewirken jedoch, dass Führung in dieser Form nicht mehr funktioniert. Moderne Arbeitswelten beabsichtigen daher vielmehr, dazu beizutragen, dass im Rahmen der Abarbeitung von Arbeitsaufgaben durch die Mitarbeiter die richtigen Impulse gesetzt werden, die ein effektives Arbeitsergebnis erzielen. Es geht daher bei Führung eher darum, Veränderungshindernisse aus dem Weg zu räumen und einen strukturierten Orientierungsrahmen zu schaffen.

Deshalb ist es wichtig, sich mit der Technik des systemischen Fragens auseinanderzusetzen. Auch wenn die verschiedenen Fragemethoden etwas Übung erfordern und zunächst einmal Zeit in Anspruch nehmen, wird sich bei der Führungskraft allmählich ein Gefühl dafür entwickeln, wie Situationen, Befindlichkeiten, Fähigkeiten und Interaktionsmöglichkeiten von Mitarbeitenden zu bewerten sind und inwieweit ein Eingriff nötig und möglich ist. Darüber hinaus befähigen Sie als Führungskraft auf diese Weise Ihre Mitarbeiter dazu, Lösungen selbst zu entwickeln. Dies steigert die Umsetzungssicherheit sowie die Erfolgsaussichten und sorgt dafür, dass Sie Freiraum für andere Tätigkeiten schaffen.

Selbst entwickelte Herangehensweisen und das Vertrauen auf die Fähigkeiten Ihrer Mitarbeiter sowie die Wertschätzung ihrer Leistung werden langfristig dazu führen, dass Sie mehr Aufgaben delegieren können. Sie sparen Zeit und arbeiten wirtschaftlicher.

Die Ergebnisse von verschiedenen Statistiken haben genau das bewiesen. Viele Mitarbeiter mit Führungsverantwortung haben in der Vergangenheit ausschließlich Dienst nach Vorschrift geleistet. Eine Untersuchung der Gallup Organization, einem der führenden Markt- und Meinungsforschungsinstitute, hat ergeben, dass nur 15 Prozent aller Führungskräfte ihre Arbeitsaufgaben ernst nehmen und reflektiert erledigen. Ein Großteil der Mitarbeiter möchte im Kontext des Unternehmens nicht auffallen. 70 Prozent aller Beschäftigten fühlen sich emotional nicht an ihren Arbeitgeber gebunden und erledigen ihre Aufgaben bewusst nur nach Vorschrift. Die Folge sind hohe Fehlzeiten und eine verhältnismäßig niedrige Produktivität.

Der Gallup-Report fand darüber hinaus heraus, dass der Grund für diese Entwicklungen hauptsächlich in einer schlechten Führungsverantwortung liegt. Führungskräfte sind laut diesem Report nicht nur die Stellschraube für Unternehmenserfolge; sie sind auch maßgeblich an der Zufriedenheit und an der Produktivität der Mitarbeiter beteiligt. Fazit: Führungsverantwortung sowie die Einstellung zu dieser Position müssen unbedingt überdacht werden.

Nur jeder fünfte Mitarbeiter hat im Rahmen der Untersuchung von Gallup angegeben, dass die im Unternehmen erlebte Führung ihn bei der Arbeit motiviere, hervorragende Leistung zu erbringen. Bei vielen setzt der Fluchtreflex ein – und damit einhergehend die Kündigung in einem Unternehmen, begründet in schlechter Führung. In diesem Kontext kommt Führungsqualitäten eine völlig neue Verantwortungsebene zu.

Viele Mitarbeiter wünschen sich herausfordernde und abwechslungsreiche Tätigkeiten im Arbeitsalltag und sind durchaus bereit, Leistung zu erbringen. Ihnen fehlt schlichtweg die emotionale Bindung an das direkte Arbeitsumfeld. Die meisten Mitarbeitenden wünschen sich eine gute Dialogstruktur, die ihre Belange ernst nimmt und versucht, darauf einzugehen. Sie wünschen sich, dass ihre Vorgesetzten ihre Potenziale erkennen und sie entsprechend in Arbeitsaufgaben einbinden.

Dass gute Führung wichtig für die Profitabilität eines Unternehmens ist und einen Einfluss auf die zeitlichen Ressourcen des Unternehmens hat, belegt Gallup mit diesem Report deutlich. Gute Führung hat einen wesentlichen Einfluss auf den Erfolg und beeinflusst diesen zu 50 Prozent. Das belegt auch eine Untersuchung des "Bank Blogs", ein führendes Online-Fachmagazin für den deutschen Finanzsektor.

Die deutsche Onlineplattform "Statista" für Statistik und Daten der Markt- und Meinungsforschung hat zudem herausgefunden, dass 91 Prozent der Angestellten es wichtig finden, dass ihre Leistung entsprechend gewürdigt wird und sie ein konstruktives Feedback über die erbrachten Arbeitsaufgaben erhalten. 86 Prozent der Befragten haben in diesem Kontext angegeben, dass ihre Jobzufriedenheit maßgeblich davon beeinflusst werde, wenn Vorgesetzte ihnen etwas zutrauen und ihnen Verantwortung übertragen. Von Führungskräften erwarten die Befragten gut ausgeprägte Soft Skills, also soziale, kommunikative und emotionale Kompetenzen, da diese für ihre Zufriedenheit und die damit einhergehende Arbeitsmotivation wichtig seien.

Die deutsche Wirtschaftszeitschrift "Brand eins" hat darüber hinaus herausgefunden, dass der ideale Vorgesetzte aus Mitarbeitersicht Arbeitsabläufe strukturieren kann, mit den Mitarbeitenden kommunizieren und Sachverhalte erklären kann.

36 Prozent wünschen sich, dass Vorgesetzte gute Arbeit anerkennen und wertschätzen. Vermeiden sollten Vorgesetzte laut dieser Umfrage (41 Prozent der Befragten), ausschließlich Unternehmensziele in den Fokus zu rücken und Mitarbeitende als notwendiges Übel zu sehen.

Die Bundesanstalt für Arbeitsschutz und Arbeitsmedizin hat im Kontext des Forums "Gute Führung" festgestellt, dass Führungskräften zunehmend die Aufgabe eines intuitiven Experten zukommt. 29,25 Prozent aller befragten Führungskräfte haben in diesem Zusammenhang im Rahmen von Experteninterviews belegt, dass die Kooperationsfähigkeit im Rahmen der Mitarbeiterführung Vorrang vor wirtschaftlichen Erfolgen haben muss, wenn es darum geht, die fachlichen Kompetenzen von Mitarbeitern langfristig an ein Unternehmen zu binden. Darüber hinaus wurde angegeben, dass persönliches Coaching ein unverzichtbares Werkzeug für die Führung von Mitarbeitern darstellt. Das wird vor allem mit dem Schwinden hierarchischer Strukturen in Unternehmen durch die Veränderungen in der Arbeitswelt begründet. In diesem Kontext wird auch vonseiten der Führungskräfte die Wichtigkeit von Einfühlungsvermögen und Einsichtsfähigkeit betont. Das Forum "Gute Führung" hat im Hinblick auf die Befragung außerdem herausgestellt, dass die Wirkung von Gehaltserhöhungen oder anderen materiellen Anreizen zunehmend nachlässt. An ihre Stelle treten vermehrt persönliches Engagement, Wertschätzung, Entscheidungsfreiräume und Eigenverantwortung. Damit weichen Statussymbole zugunsten von Autonomie. Darüber hinaus bestimmen zunehmend die Sinnzusammenhänge einer Tätigkeit den Grad der Mitarbeitermotivation. Mehr als drei Viertel aller Führungskräfte sehen hinsichtlich der Führungspraxis enormen Handlungsbedarf. Führungsstile seien den Anforderungen des Marktes nicht mehr angemessen und würden die wirtschaftlichen

Möglichkeiten der Unternehmen beschränken. Insbesondere die Gewinnung und anschließende Bindung von Talenten an ein Unternehmen sieht man dadurch in Gefahr. Die Führungsanforderungen ständen in direktem Konflikt zu den in den Unternehmen erwünschten Führungspraktiken.

Das Institut für angewandte Arbeitswissenschaft e. V. (ifaa), das sich mit Forschungen im Rahmen der Arbeitswissenschaft und Betriebsorganisation beschäftigt, wertet im Rahmen seiner Studien Führung ebenfalls als wesentlichen Faktor für Unternehmenserfolg. Auch in den Studien des Forschungsinstituts hat sich gezeigt, dass ein klarer Wandel in der Führungsverantwortung stattfindet und gute Führung wichtig ist. 71 Prozent der Befragten wünschen sich von Führungskräften eine gesunde Feedbackstruktur, die ihnen Rückmeldung zu erbrachten Arbeitsleistungen liefert. 69 Prozent sehen die Motivation der Belegschaft als Führungsaufgabe und fordern diese. 66 Prozent aller Befragten gaben an, dass sie sich von Führungskräften das Aufzeigen von Entwicklungsmöglichkeiten wünschen und regelmäßige Mitarbeitergespräche hierzu wichtig sind (60 Prozent). 56 Prozent geben darüber hinaus an, dass Führungskräfte als Ansprechpartner bei Belangen der Mitarbeiter fungieren und Freiräume bei der Gestaltung der übertragenen Arbeitsaufgaben (53 Prozent) gewähren sollen.

Anhand der aufgezeigten Studien und Untersuchungen zeigt sich einheitlich, dass ein Wandel in der Arbeitswelt stattgefunden hat und noch immer stattfindet. Führungskräften kommt in diesem Zusammenhang ein bedeutender Verantwortungsbereich zu, wenn es darum geht, Unternehmen erfolgreich zu halten und die vorhandenen zeitlichen und fachlichen Ressourcen nicht zu verschwenden.

Gute Führungskräfte erkennen, dass das wichtigste Erfolgselement guter Führung der Beschäftigte selbst ist. Zur nachhaltigen Schaffung zeitlicher Freiräume ist es wichtig, fachlich adäquates Personal zu gewinnen und langfristig durch den persönlichen Führungsstil an das jeweilige Unternehmen zu binden. Außerdem sollten Zuständigkeiten bei fachlicher Eignung des Mitarbeiters übertragen werden, um die Komplexität der eigenen Aufgaben zu verringern.

Durch die Mitarbeiterbindung entfallen unplanmäßige Bewerbungsverfahren mit langwierigen Einarbeitungsphasen, welche die zeitlichen Ressourcen der Führungskraft beschneiden. Insbesondere hinsichtlich des Führungsstils muss die Orientierung in modernen Arbeitswelten zukünftig zugunsten eines mitarbeiterorientierten Führungsstils erfolgen. Damit Führungskräfte diesen Anforderungen gerecht werden können, ist es nötig, dass Unternehmen sie mit klaren Führungsleitbildern und Wertvorstellungen ausstatten, die sie für die Mitarbeiterführung zur Strukturierung ihrer Vorgehensweise anwenden können.

Was zeichnet eine gute Führungskraft aus?

Jedes Team, jedes Unternehmen, jede Gruppe und jede Organisation benötigt Führung. Ohne Führung fehlt die für die Arbeitsabläufe benötigte Struktur und Verbindlichkeit, in der sich die Mitarbeitenden bewegen und organisieren können. Der Erfolg eines Unternehmens hängt daher maßgeblich davon ab, wie Führungskräfte es verstehen, ihre Mitarbeiter richtig zu führen. Der wirtschaftliche Erfolg von Organisationen und Unternehmen steht damit in unmittelbarem Zusammenhang mit der Qualität der Führungskräfte. Aber was bedeutet "gute Führung" eigentlich?

Der Begriff "Führung" lässt sich zunächst nicht so einfach definieren. Wirft man einen Blick in einschlägige Lexika, bedeutet

Führung vor allem, in Interaktion mit Mitarbeitenden zur Verwirklichung bestimmter (Unternehmens-)Ziele zu treten. Jedoch hat Führung nicht ausschließlich die Steigerung der unternehmerischen Erfolge zum Ziel, sondern auch den Aufbau von Unternehmensstrukturen, die wirtschaftlichen Erfolg generieren und das Potenzial von Mitarbeitern fördern. Es geht also nicht ausschließlich um wirtschaftliche Leistungsfähigkeit, sondern auch um die Optimierung von Arbeitsprozessen, die Aufrechterhaltung der Mitarbeitermotivation sowie die kontinuierliche Entwicklung jedes Mitarbeiters.

Als wesentlicher Bestandteil guter Führung gilt zunächst das für die Position erforderliche Fachwissen. Darüber hinaus darf von einer Führungskraft erwartet werden, dass sie sich an Megatrends orientiert und die Entwicklungen des Arbeitsmarktes vor dem Hintergrund ihrer Handlungsanweisungen dauerhaft im Blick behält. Ihre Aufgabe ist es, die demografischen Herausforderungen zu meistern und hierfür die nötige Flexibilität an den Tag zu legen.

Neben der Beobachtung des Marktgeschehens steht gute Führung auch im Zusammenhang mit einem guten Betriebsklima. Bestimmte Wertvorstellungen, eine partnerschaftliche Zusammenarbeit mit den Mitarbeitern, Zuverlässigkeit, Fairness, ein ehrliches Interesse am Mitarbeiter sowie Ehrlichkeit sind hierfür unabdingbare Bestandteile einer guten Führung. Die Einhaltung dieser Wertvorstellungen führt langfristig auch bei Mitarbeitern zu einem Umdenken: Sie fühlen sich wertgeschätzt und sind dadurch bereit, eine höhere Leistung zu vollbringen. Arbeitsaufgaben werden in diesem Kontext motivierter erledigt. Dadurch wird das Unternehmen auf lange Sicht erfolgreicher.

Des Weiteren ist eine gute Führungskraft in der Lage, sich zurückzunehmen und anderen den Vortritt zu lassen, wenn diese für das Ausführen bestimmter Tätigkeiten über geeignetere

Kompetenzen verfügen. Sie agiert als Vorbild und signalisiert damit, dass es nicht um die Person, sondern um das gemeinsame Ziel geht. Gute Führung besteht zudem darin, auf die Fähigkeiten des Mitarbeiters zu vertrauen und ihm die erforderliche Orientierung zu geben, die er benötigt, um gestellten Anforderungen fachlich entgegenzutreten und sein Potenzial ausschöpfen zu können. Es geht darum, die Mitarbeitenden zu verstehen, ihre Belange ernst zu nehmen und sie entsprechend ihren Fähigkeiten zu fördern und zu fordern, sodass auch für sie eine Weiterentwicklung möglich ist.

Als wesentlicher Bestandteil guter Führung ist das gezielte, systemische Fragen ein Mittel, um Mitarbeitende besser zu verstehen und ihre Beweggründe für bestimmte Entscheidungen kennenzulernen.

Die Organisation der Führung in einem Team, in Gruppenkontexten oder in Organisationen bildet dabei einen Richtwert für die Leistungsfähigkeit und Effektivität, mit der Arbeitsaufgaben abgearbeitet werden. Je besser eine Führung funktioniert, desto zielgerichteter können Arbeitsaufgaben abgearbeitet werden. Das spart vor dem Hintergrund der Wirtschaftlichkeit eines Unternehmens Zeit und Geld.

Eigenschaften, Fähigkeiten und Verhalten

Das Bekleiden einer Führungsposition erfordert ein hohes Maß an Verantwortungsbewusstsein, Krisenfestigkeit sowie Diplomatie im Umgang mit den Beschäftigten. Die raschen Veränderungen der Arbeitswelt und die damit einhergehenden Auswirkungen haben nicht nur veränderte Führungsstile generiert, sondern auch für ein Umdenken hinsichtlich der Aufgaben moderner Führungskräfte gesorgt. Führung in der Moderne setzt den Schwerpunkt zunehmend auf die Wertschätzung der Leistung der Mitarbeiter, da selbige sich als Stellschraube zum wirtschaftlichen

Unternehmenserfolg verstehen und an diesem nicht unwesentlich beteiligt sind. Gute Führungskräfte sollen daher eine besonders hohe Affinität zu ihren Mitmenschen haben, sie verstehen und sie vor allem in ihren Belangen ernst nehmen. Sie sollen sich in sie hineinversetzen können und sie durch Wertschätzung und das Einhalten bestimmter Wertvorstellungen dazu bringen, die bestmögliche Leistung aus sich herauszuholen, um so ihren eigenen und auch den Unternehmenserfolg sicherzustellen. Die wichtigsten Eigenschaften für das erfolgreiche Führen von Mitarbeitern sind daher:

- Wertschätzung der Mitarbeiter in ihrer Person und Leistung
- Sorgfalt im Umgang mit Mitarbeitern und Arbeitsaufgaben
- Offenheit gegenüber Anliegen der Mitarbeiter
- Authentizität im eigenen Auftreten
- Vertrauen in das Können der eigenen Mitarbeiter
- systemische Denkweisen und Fragestellung in der aktiven Mitarbeiterkommunikation
- Konsequenz und Verbindlichkeit
- Konstruktivität im Hinblick auf die Rückmeldung der Arbeitsleistung
- Fokussierung auf das Wesentliche

Hinsichtlich der Wertschätzung ist es besonders wichtig, dass Sie als Führungskraft dafür sorgen, dass Ihre Mitarbeiter dauerhaft motiviert bleiben. Je motivierter die Mitglieder Ihres Teams oder Ihrer Organisation sind, desto bessere Arbeitserfolge können im Team - und damit im Unternehmen insgesamt - erzielt werden. Die Förderung der Motivation gelingt durch die Kommunikation und den Austausch mit den Mitarbeitenden.

Eine weitere wichtige Komponente ist in diesem Zusammenhang Feedback für Arbeitsaufgaben. Auch Lob sorgt dafür, dass Mitarbeiter dauerhaft motiviert bleiben und an der Erledigung der an sie gestellten Arbeitsaufgaben mit vollem Engagement arbeiten.

Natürlich darf an dieser Stelle nicht außer Acht gelassen werden, dass jeder Mitarbeiter von anderen Faktoren motiviert wird. Die Aufgabe der Führungskraft besteht deshalb auch darin, herauszufinden, welche individuellen Anreize die Mitarbeiter motivieren, und gezielt darauf einzugehen sowie entsprechende Anreize zu schaffen. Anreize können zum Beispiel Zuschüsse zur Altersvorsorge, Bonuszahlungen für besondere Leistungen, Zeitausgleich oder Weiterbildungsmaßnahmen sein.

Sorgfalt im Umgang mit Mitarbeitenden und Arbeitsaufgaben ist vor allem dahin gehend wichtig, dass Sie als Führungskraft als Vorbild fungieren. Sie sollten daher nichts von Mitarbeitenden verlangen, was Sie selbst nicht vorleben. Das würde Ihre Authentizität und damit Ihre Wahrnehmung als Führungskraft innerhalb Ihres Arbeitsteams untergraben. Mitarbeiter orientieren sich stark an dem Verhalten, das ihnen die jeweilige Führungskraft vorlebt. Der Grundstein dafür, dass Menschen sich an Vorbildern orientieren, wird bereits in der Kindheit gelegt und ist daher tief in uns verankert. Immer dann, wenn sich Ihre Mitarbeitenden aus ihren eigenen Fähigkeiten heraus mit ihrem Handlungsrepertoire nicht in der Lage sehen, auf die Arbeitsanforderungen zu regieren, werden sie sich an Ihrer Führungskraft orientieren und den vorgegebenen Strukturen selbiger folgen.

Die Authentizität der Führungskraft spielt damit in diesem Zusammenhang eine tragende Rolle. Eine gute Führungskraft reflektiert sich selbst. Sie kennt ihre eigenen Verhaltens- und Denkweisen und weiß, wie sie sich in bestimmten Situationen und im Umgang mit bestimmten Personen verhalten muss. Sie kennt ihre Fähigkeiten und Kompetenzen, ermöglicht ihren Mitarbeitern, sich weiterzuentwickeln, und hat keine Angst davor, von ihnen überholt zu werden.

Darüber hinaus zählt zu einer authentischen Wahrnehmung durch die Mitarbeitenden, dass die Führungskraft über eine hohe Sozialkompetenz sowie eine gut ausgeprägte emotionale Intelligenz verfügt. Kommunikationsfähigkeiten und Empathie sind dabei zentrale Bausteine, die einer authentischen und guten Führungskraft nicht fehlen dürfen. Sie geben Mitarbeitern das Gefühl, dass sie geschätzt, ernst und wahrgenommen werden. Zudem sorgen sie dafür, dass Mitarbeiter in ihren Belangen und Problemstellungen gesehen werden.

Darüber hinaus vertraut eine authentische Führungskraft auf das Wissen und Können ihrer Mitarbeiter sowie darauf, dass diese in der Lage sind, sie adäquat einzusetzen, um den Unternehmenserfolg zu fördern. Diese Orientierung benötigen sie, um produktive Arbeitsergebnisse zu erzielen und ihr eigenes Selbstverständnis zu stärken.

Schwierigen Problemstellungen – insbesondere dann, wenn die Kommunikation der Mitarbeiter untereinander in eine Einbahnstraße gemündet ist – können Sie als Führungskraft mithilfe systemischer Fragestellungen begegnen.

Diese sorgen im Kontext von Unternehmenszusammenhängen dafür, dass der Prozess der Ideenfindung aus neuen oder anderen Blickwinkeln beleuchtet wird und das eigene Handeln und Denken vor dem Hintergrund der Komplexität der Arbeitsaufgabe neu bewertet und überdacht werden. Sie als Führungskraft denken im Rahmen von systemischen Fragekonstrukten ganzheitlich und behalten dabei die Aufgaben und Projekte systemisch im Überblick. Hierzu nehmen Führungskräfte eine ganzheitliche

Perspektive ein, um Ursachen und Ziele analysieren zu können und die Unternehmensbestimmungen im Auge zu behalten.

Darüber hinaus bietet eine gute Führungskraft ihren Mitarbeitern Konsequenz und Verbindlichkeit in allen Bereichen. Sie lebt diese vor und schafft damit einen sicheren Rahmen, in dem sich die Mitarbeiter bewegen und entwickeln sowie die an sie gestellten Arbeitsaufgaben erledigen können. Im Umgang mit den Mitarbeitern ist die Führungskraft respekt- und rücksichtsvoll, zeigt aber gleichzeitig eine klare Erwartungshaltung hinsichtlich der Arbeitsleistung ihrer Mitarbeiter sowie in Bezug auf konkrete Arbeitsanweisungen. Sie als Führungskraft agieren dabei auf Augenhöhe und beziehen Ihre Mitarbeiter, wo dies möglich und angemessen ist, in Entscheidungsprozesse ein. Zur Lösung komplexer Sachverhalte greifen Sie auf das fundierte Wissen und die damit verbundenen Kompetenzen Ihres Teams zurück. Die Vereinbarung von klaren Zielen und die transparente Kommunikation selbiger nehmen dabei einen hohen Stellenwert ein und müssen unbedingt praktiziert werden.

Die größte Führungsstärke beweisen Führungskräfte, die es verstehen, ihre Mitarbeiter konstruktiv und dennoch wertschätzend zu kritisieren. Kritik und Mitarbeiterfeedback sollten in diesem Kontext immer sachlich, begründet und lösungsorientiert präsentiert werden. Das Gespräch sollte sich nicht an der Suche nach Schuldigen orientieren, sondern sachliche Gründe und Ursachen in den Fokus nehmen sowie die mit dem Fehlverhalten eintretenden Konsequenzen für das Unternehmen, aber auch für Sie als Führungskraft verdeutlichen. Im Gesprächsverlauf sollten dann gemeinsam Lösungswege und Verhaltensweisen gesucht werden, die das künftige Arbeitsverhalten oder -ergebnis verbessern und zukünftige Fehler vermeiden.

Letztlich ist es wichtig, dass Sie als Führungskraft stets fokussiert bleiben und sowohl unternehmerische als auch die Belange der Mitarbeiter nicht aus den Augen verlieren. Ihre Arbeitsweise ist dabei immer zielorientiert und konzentriert sich auf die mit der Komplexität der Arbeitsaufgaben verbundenen Ziele sowie auf die Fähigkeiten und Kompetenzen der Mitarbeiter, die zur Zielerreichung zur Verfügung stehen. Eine erfolgreiche Führungskraft bleibt auch hinsichtlich der Fokussierung auf ihre persönliche Entwicklung im ständigen Lernprozess. Sie hinterfragt ihr eigenes (Führungs-)Verhalten, analysiert vergangene Fehler und versucht diese zukünftig zu vermeiden und sich zu verbessern.

Übung: Selbstreflexion – Wo stehen Sie gerade?

Die fortlaufende Dynamisierung von Unternehmensprozessen in der Arbeitswelt hat die Anforderung an Führungsmethoden weitreichend verändert. Führungsmethoden von gestern sind überholt und passen nicht mehr zu den Anforderungen, die an heutige Arbeitskontexte gestellt werden. Gute Führungskräfte sind daher aufgefordert, ihr Führungsverhalten zu überdenken und den Anforderungen des Arbeitskontextes sowie den dynamischen Veränderungsprozessen anzupassen.

Eine gute Führung erfordert daher neben Selbstkritik, Perspektivenvielfalt und Lernfähigkeit ein hohes Maß an Selbstreflexion. Führungskräfte werden vor dem Hintergrund der modernen Welt immer wieder mit unvorhergesehenen und komplexen Herausforderungen konfrontiert, die sie lösen müssen. Moderne Führungskräfte agieren in einer von Veränderung geprägten Welt zunehmend als Coaches, die sich und andere verstehen und dadurch ein motivierendes Umfeld gestalten, in dem sich alle Beteiligten wohlfühlen. Sie verstehen sich als Architekten der Unternehmensstruktur, die Konstrukte entwickeln, in denen Ziele klar definiert und Teams anhand der unternehmensbezogenen Leitziele gesteuert werden. Darüber hinaus verstehen sie sich als Integrator, der Menschen an verschiedenen Standpunkten abholt und sie auf allen Ebenen verbindet, um visionär den Unternehmenserfolg zu gestalten. Die Ausbildung und Aneignung von Metakompetenzen werden daher zunehmend wichtig, wenn es darum geht, Probleme zu lösen und Neues in Unternehmensstrukturen zu adaptieren, um mit den Anforderungen des Marktes mithalten zu können.

Nur wenn eine Führungskraft ihr eigenes Verhalten und die eigenen Handlungsweisen reflektieren kann, ist sie in der Lage, tragfähige Interaktionsprozesse in ihrem Unternehmen aufzubauen. Durch die Reflexion der eigenen Denk- und Verhaltensweisen entwickeln Sie als Führungskraft Kompetenzen, um diese Prozesse bei Ihren Mitarbeitern zu erkennen, zu verstehen und entsprechend der organisationalen Struktur nutzbar zu machen. Führungskräfte, die ihre Kompetenzen ganzheitlich weiterentwickeln wollen, sollten sich langfristig mit der Selbstreflexion ihres Führungsverhaltens beschäftigen, da hier die größten Potenziale verborgen sind.

Was aber ist unter dem Begriff "Selbstreflexion" zu verstehen? Selbstreflexion wird als eine bewusste Form der Wahrnehmung und Beobachtung des eigenen Selbst verstanden. Dabei werden Denk- und Handlungsmuster hinterfragt und vor dem Hintergrund der Aktualität überprüft. Damit ist Selbstreflexion als ein Schlüssel für Erfolg und persönliche Weiterentwicklung zu verstehen, da mit ihrer Hilfe Fehler eliminiert, impulsive Reaktionen vermieden und Emotionen gesteuert werden können. Die Reflexion des eigenen Selbst sowie der damit verbundenen Denk- und Handlungsweisen im beruflichen Kontext wird damit zu einem motivationsspendenden und richtungsweisenden Instrument, das Unternehmensprozesse fördern kann.

Zur Überprüfung der eigenen Führungskompetenz unter dem Aspekt der Selbstreflexion im Rahmen einer Übung sind daher folgende Kernfragen entscheidend, die zum eigenen Verhalten in Relation gestellt werden sollten:

- Übernehme ich Verantwortung für mein Handeln? Gebe ich anderen die Schuld dafür, wenn etwas schiefläuft und Ziele nicht erreicht wurden?
- Erledige ich unangenehme Aufgaben selbst oder delegiere ich sie an Mitarbeiter?
- Halte ich Versprechen ein?
- Behalte ich Vertrauliches für mich?
- Akzeptiere ich, wenn andere sich anders verhalten als ich? Erkenne ich dahinter positive Absichten?
- Spreche ich Fehlverhalten und fehlende Leistung bei Mitarbeitern offen und konstruktiv an?
- Spreche ich über Abwesende negativ?
- Überprüfe ich mein eigenes Verhalten und Auftreten regelmäßig?
- Mache ich mir meine Grenzen bewusst?
- Kenne ich meine Stärken und Schwächen?
- Nehme ich meine Verantwortung gegenüber Mitarbeitern, Vorgesetzten und Kollegen wahr?

Die genannten Fragestellungen können im Rahmen einer Übung als Checkliste verstanden werden, anhand derer eine zielführende Selbstreflexion der eigenen Führungskompetenz möglich ist. Nach Beantwortung der Fragen sollten konkrete Zielvorstellungen und Handlungsbedarfe aus der Selbsteinschätzung abgeleitet und unter Einbindung einer festen Frist erneut überprüft werden.

Im Rahmen der Übung sollten sich Führungskräfte Zeit nehmen, um die Fragen hinreichend zu beantworten. Aus den daraus resultierenden Ergebnissen wird ein klares Bild davon erzeugt, wo Sie als Führungskraft geradestehen. Die Fragen bilden daher die Grundlage für Veränderungsprozesse und können Entwicklungspotenziale aufdecken sowie zur Weiterentwicklung persönlicher Kompetenzen beitragen. Mithilfe der Fragestellungen kann das eigene Führungsverhalten in seiner Wirksamkeit beleuchtet und, sofern nötig, den Bedarfen angepasst werden. Auch wenn die Übung anfänglich eher als nervtötend empfunden wird, kann sie bei langfristigem und regelmäßigem Einsatz echte Erfolge erzielen, da die in Gang gesetzten Entwicklungsprozesse präsent bleiben und einer stetigen Überarbeitung unterliegen.

Wissenschaftliche Studien des Freiburger Instituts haben in diesem Kontext sogar erwiesen, dass sich der Erfolg von Führungskräften mit dieser Methode um 25 Prozent steigern lässt.

Um eine stetige Weiterentwicklung der eigenen Führungskompetenzen zu fördern, sollten diese Fragestellungen auf ihre Aktualität hin in regelmäßigen Abständen erneut überprüft und bei Bedarf weitere Handlungen und Maßnahmen abgeleitet werden. Fachliche und persönliche Fortschritte benötigen damit den Blick in die Vergangenheit, um aus Fehlern oder Rückschlägen Schlüsse für die Zukunft zu ziehen und Verbesserungen ableiten zu können.

Übung: Zieldefinition – Wo möchten Sie gerne stehen?

Jede Führungskraft verfolgt mit ihrer Arbeit bestimmte Ziele. In aller Regel basieren die gesteckten Ziele neben unternehmerischem Erfolg auch auf der persönlichen Weiterentwicklung der Kompetenzen und Fähigkeiten. Da eine gute Führung den wirtschaftlichen Erfolg eines Unternehmens maßgeblich bedingt, muss Führung daher als bewusster Prozess verstanden werden, der für eine gute Ausführung auf klare Ziele zurückgreifen muss.

Um konkrete Ziele im Rahmen des eigenen Führungsstils und der damit verbundenen Aufgaben festzulegen, eignet sich eine Übung, die mithilfe gezielter Fragen Handlungsbedarfe aufdecken soll und daraus Maßnahmen ableitet. Die Einschätzung der eigenen Person durch Fremdeinschätzungen unterstützt dabei, die eigenen Führungsmethoden zu bewerten, konkreten Handlungsbedarf aufzudecken und daraus mögliche Handlungs- und Denkweisen abzuleiten, von denen der Unternehmenserfolg profitiert.

Fragestellungen, aus denen sich Führungsziele ableiten lassen, können dabei sein:

- Was macht eine gute Führungskraft aus?
- Welchen Führungsstil beachte ich aktuell? Gibt es wichtige Ziele?
- Welche wirtschaftlichen Ziele verfolge ich?
- Welche Ziele haben aktuell höchste Priorität?
- Woran ist Führungskompetenz in meiner Mitarbeiterführung erkennbar?
- Verspricht mein Führungsstil Erfolg?
- Was hat mich motiviert, Führungsverantwortung zu übernehmen?
- Was benötigen meine Mitarbeiter, um motiviert zu bleiben?
- Wie verstehe ich mich in meiner Rolle als Führungskraft?
- Wie sehen mich andere in meiner Rolle als Führungskraft?
- Welchen Führungsstil verfolge ich?

- Welche Kompetenzen und Führungsinstrumente benötige ich, um mich weiterzuentwickeln?
- Welche Wirkung haben meine Führungsmethoden?
- Wie sehen mich Mitarbeiter?
- Wie sehen mich Vorgesetzte?
- Wie sehen mich meine Führungskollegen?
- Wie will ich als Führungskraft wahrgenommen werden?
- Welche Führungswerte vertrete ich?
- Wie stehen andere zu meinen Wertvorstellungen?
- Was kann ich aus meiner Selbstreflexion an Handlungen ableiten?
- Was muss verbessert werden?
- Welche Führungsziele konnte ich bereits erreichen? Welche Erfolge waren daraus abzuleiten?

Da Führung komplex ist und sich in stetigen dynamischen Veränderungsprozessen innerhalb der Arbeitswelt bewegt, müssen Führungskräfte ihre Handlungsweisen in regelmäßigen Abständen neu bewerten und auf ihre Sinnhaftigkeit vor dem Hintergrund der jeweiligen Arbeitssituation hin untersuchen und bewerten.

Bei der Ableitung der Ziele aus den gewonnenen Erkenntnissen ist es darüber hinaus wichtig, konkrete Ziele oder Handlungsanweisungen klar zu benennen und so spezifisch wie möglich auszuformulieren. Außerdem sollte ein zeitlicher Rahmen für die Zielerreichung festgelegt werden, sodass nach Ablauf der gesetzten Frist die benannten Ziele auf ihre Wirksamkeit und Umsetzung hin bewertet werden können.

Wie wichtig sind Emotionen und Empathie bei einer guten Führungskraft?

Die Frage, welche Kompetenzen Führungskräfte mitbringen müssen, hat sich im Rahmen des Wandels der Arbeitswelt stark verändert. Begründet werden können diese Veränderungen mit der Schnelllebigkeit und den Dynamiken des Arbeitsmarktes sowie der damit einhergehenden zunehmenden Komplexität der Mitarbeiteraufgaben. Empathie und Einfühlsamkeit oder vielmehr eine ausgeprägte emotionale Intelligenz ist damit zunehmend zu einer Anforderung geworden, der Führungskräfte in modernen Arbeitswelten gerecht werden müssen, wenn sie Mitarbeiter langfristig binden wollen.

Empathie meint in diesem Kontext die Fähigkeit der Führungskraft, sich in den Mitarbeiter hineinzuversetzen sowie ihn in seinen Bedürfnissen ernst zu nehmen. Für Führungskräfte hat sich die Fähigkeit zur Empathie in den vergangenen Jahren zu einer der Schlüsselkompetenzen ihrer Führungsverantwortung entwickelt. Eine gute Führungskraft muss in der Lage sein, die Belange der Mitarbeiter zu erkennen, ihre motivationalen Strukturen zu ergründen und entsprechend darauf zu reagieren und in Form von Maßnahmen agieren. Führungskräfte, die empathisch sind, erkennen hinter den Handlungsstrukturen ihrer Mitarbeiter die jeweilige Motivation und leiten daraus Strukturen ab, um Demotivation langfristig zu vermeiden.

Bei der Aufgabenverteilung kann sich die Führungskraft folgender Fragestellungen bedienen:

- Arbeitet der Mitarbeiter leistungsbezogen oder besonders gewissenhaft?
- Arbeitet der Mitarbeiter gern allein oder lieber in kleineren Gruppen?

Entsprechend den jeweiligen Präferenzen passt die empathische Führungskraft die Arbeitsaufgaben an und versucht, die individuellen Motivationsfaktoren des Mitarbeiters zu berücksichtigen und sie gezielt anzusprechen. Auf diese Weise können Arbeitsaufgaben so zugewiesen werden, dass sie dem individuellen Können sowie den persönlichen Stärken des Mitarbeiters entsprechen.

Der Schwerpunkt der empathischen Führung liegt damit auf einer vertrauensvollen Mitarbeiterbeziehung und einer respektvollen und konstruktiven Feedbackkultur. Sie als gute Führungskraft haben ein Gefühl dafür, wann Feedback geäußert werden kann, und sind sensibel in Ihren Äußerungen.

In diesem Kontext führt die aktive Berücksichtigung der Präferenzen und Motivationsfaktoren der Mitarbeiter dazu, dass sich die Beschäftigten wertgeschätzt und gesehen fühlen. Das Signalisieren von Verständnis gegenüber dem Mitarbeiter und seinen Belangen führt dazu, dass Mitarbeiter eine emotionale Bindung zu Ihrem Unternehmen aufbauen und sich langfristig verpflichten wollen. Darüber hinaus kann Empathie für Führungskräfte hilfreich sein, wenn es darum geht, Umstrukturierungen vorzunehmen und Mitarbeiter davon zu überzeugen, in Ihrem Sinn zu agieren.

Ein vertrauensvolles Arbeitsverhältnis und eine empathische Verbindung zwischen Führungskräften und Mitarbeitern fördern den Unternehmenserfolg und die Flexibilität bei der Durchführung von Arbeitsaufgaben. Empathie im Rahmen von Führungsverantwortung führt demnach dazu, den Mitarbeiter dort abzuholen, wo er steht, Denkblockaden und Handlungsmuster aufzulösen und ihn in seiner Ganzheitlichkeit vor dem Hintergrund seiner Kompetenzen zu fördern.

Emotionale Intelligenz sowie Empathie werden damit zum Erfolgsfaktor, wenn es darum geht, gute Führungskräfte einzustellen. In modernen Arbeitswelten gelten sie daher als eine der gewinnbringendsten Eigenschaften einer Führungskraft. Vorteile liegen dabei vor allem im Aufbau einer vertrauensvollen und aufgeschlossenen Beziehung zwischen Mitarbeiter und Führungskraft. Langfristig führen diese sogenannten Soft Skills daher dazu, dass Mitarbeiter die Bereitschaft entwickeln, Arbeitsaufgaben auch nach der offiziellen Arbeitszeit zu beenden. Darüber hinaus wird die Führungskraft eher als Gleichgesinnter gesehen, was wiederum den Informationsfluss innerhalb des Unternehmens fördert. Langfristig wird dies die Mitarbeiterzufriedenheit stärken und Krankenstände sowie Abwesenheitszeiten maßgeblich reduzieren.

Das Erkennen von handlungsleitenden Emotionen und Motivationen durch die Führungskraft wird damit zum Schlüssel einer erfolgreichen Führungsarbeit in modernen Arbeitswelten.

Wichtige Faktoren bei der Zusammenarbeit mit Mitarbeitern

Eine Zusammenarbeit der Arbeitsgruppen ist für den Erfolg jedes Unternehmens nicht wegzudenken. Jedes Unternehmen profitiert von funktionierenden Teams. Auch wenn Teamarbeit im Berufsleben allgegenwärtig ist, ist nicht jeder Mensch für die Arbeit in Gruppen geboren. Dennoch ist sie wichtig, da sie den Stress für alle Beteiligten verringert und eine sorgfältige und gründliche Erledigung von Arbeitsaufgaben ermöglicht.

Für die erfolgreiche Zusammenarbeit von Teams sind die Interaktion und Kommunikation von Mitarbeitenden (und Führungskräften) entscheidend. In diesem Kontext ist es die

Aufgabe der Führungskräfte, die Zusammenarbeit im Team zu fördern und positiv auf sie einzuwirken.

Eine zentrale Rolle spielt in diesem Kontext die Wertschätzung der Führungskraft gegenüber ihren Mitarbeitern. Ehrliches und ernst gemeintes Lob (auch für Routineaufgaben) fördert die Motivation und stärkt die Zusammenarbeit des Teams.

Darüber hinaus geben Strukturen innerhalb des Teams Orientierung und klare Regeln. Eine eindeutige Rollenverteilung minimiert die Fehlerquote und erhöht die Zufriedenheit der Mitarbeiter. Auch hier gilt: Eine gute Zusammenarbeit erfordert eine gute Kommunikation. Durch gezielte Mitarbeitersitzungen, bei denen jeder Mitarbeiter seine Ideen einbringen kann, um Projektabläufe mitzugestalten, kann die Kommunikation im Team für die Lösung komplexerer Problemstellungen verbessert und durch die Führungskraft bestärkt werden.

Ehrliche Kommunikation und offene Gespräche bilden hierzu einen unverzichtbaren Bestandteil. Konkret bedeutet dies, den eigenen Blickwinkel stets zu überdenken, ihn aus anderen Perspektiven zu beleuchten und gegebenenfalls an neuere Erkenntnisse der Kollegen anzupassen.

Darüber hinaus ist es wichtig, klare gemeinsame Ziele zu formulieren, die im Rahmen der Auftragsbearbeitung umgesetzt werden sollen. Eine gemeinsame Vision, die das Team der Mitarbeitenden auf lange Sicht zur Bearbeitung der Fragestellung verfolgt, stiftet Sinn und motiviert zusätzlich.

Entscheidend für eine gute Zusammenarbeit ist außerdem das Arbeitsklima, das darüber entscheidet, wie Mitarbeiter miteinander umgehen. Auch hier sollten klare Regeln formuliert werden, die auf Respekt und Anerkennung gegenüber dem

Einzelnen basieren und das Gefühl der Unsicherheit in der Zusammenarbeit ausräumen.

Damit die Zusammenarbeit im Team auch langfristig funktioniert, können Maßnahmen helfen, die das Teamgefühl bestärken.

Die wichtigsten integralen Werte für eine effektive Teamarbeit sind daher:

- **Vertrauen und Respekt:** Respekt am Arbeitsplatz sorgt dafür, dass alle Mitarbeiter sich in ihren Qualifikationen und Leistungen geschätzt fühlen. Wertschätzung fördert ein positives Arbeitsklima, in dem sich der Mitarbeiter gerne bewegt.
- **Effektive Delegation und klare Kommunikation:** Führungskräfte sollten auf die Fähigkeiten ihrer Mitarbeitenden vertrauen und Aufgaben an sie übergeben, wenn ihre Fähigkeiten zur Bewältigung der jeweiligen Arbeitsaufgabe passen. Das Delegieren von Aufgaben schafft für Sie als Führungskraft Freiräume, die Sie für andere Tätigkeiten nutzen können.
- **Offenheit für Ideen und Innovationen:** Jeder Mitarbeiter sollte die Möglichkeit erhalten, seine Ideen zu äußern und sie in den Lösungsprozess einfließen lassen zu können.

Eine effektive Zusammenarbeit gelingt daher immer dann, wenn ein klares Verständnis über die eigenen Zuständigkeiten und Verantwortungsbereiche herrscht. Aufgaben, Kompetenzen und Ziele sind bekannt und können kommuniziert werden. Eine fortlaufende Neubewertung und Überprüfung der Teamstrukturen sowie Grundsätze der Zusammenarbeit sorgen dafür, dass das Gleichgewicht im Rahmen der Zusammenarbeit erhalten bleibt.

Tillmann Rollenscheidt

Erfolgreiche Führungskraft durch systemische Fragen

Systemische Fragen beschreiben eine spezielle Fragetechnik, die dazu dienen soll, im Rahmen des systemischen Verständnisses zwischenmenschlicher Beziehungen durch die Anregung zu fremden Denk- und Handlungsweisen den Handlungs- und Entscheidungsspielraum zu erweitern. Aufgrund ihrer Vielseitigkeit wird diese Methode inzwischen auch im Kontext moderner Arbeitswelten verwendet.

Systemische Fragen werden daher für die Träger von Führungspositionen sowie für die Verbesserung von Unternehmensprozessen im Rahmen agiler werdender Arbeitsstrukturen zunehmend zum Werkzeug, um in beruflichen Kontexten zu bestehen. Geschlossene Fragen, die das Gespräch ersticken und keine gegenseitige Annäherung zulassen, sind längst überholt und für moderne Strukturen innerhalb von Unternehmen nicht mehr passgenau. Fragen, die im Unternehmensprozess wirksam sein sollen, sollten daher im Vorfeld durchdacht sein. Damit sie als Analyse- und Diagnoseinstrument im Kontext von Kommunikationsstrukturen dienlich sind, empfiehlt es sich, im Vorfeld das Ziel der Frage zu überdenken. Sofern Fragestellungen als Interventions- und Reflexionsinstrument dienen sollen, müssen mit dem Ziel der Frage durch die Untersuchung von Sichtweisen und Problemen Lösungsmöglichkeiten geschaffen werden.

Systemische Fragen verhelfen in diesem Rahmen, wenn sie korrekt formuliert sind, den Gesprächspartnern dabei, veraltete oder unpassende Denk- und Handlungsmuster zu durchbrechen und für die Bewertung einer Problemstellung einen neuen Blickwinkel einzunehmen. Darüber hinaus unterstützen sie Mitarbeiter dabei, die gewohnten Sichtweisen differenzierter zu betrachten und Zusammenhänge und Handlungsweisen besser zu verstehen. Sie können bei der Auflösung von Konflikten, aber auch bei der Bearbeitung konkreter Problemstellungen hilfreich sein. Darüber hinaus stellen sie Wirklichkeitskonstruktionen infrage und lösen Denkprozesse und Handlungsanpassungen aus. Sie führen damit zu einem erweiterten Möglichkeitsspektrum hinsichtlich des Denkens, des Handelns, aber auch in der Wahrnehmung und bei der Erweiterung möglicher Ressourcen sowie Perspektiven. Bei der Frageweise geht es nicht darum, danach zu fragen, worin die Ursache einer Problemstellung zu begründen ist, sondern um die Frage, wie das Problem gelöst werden kann. Hier zeichnet sich ein deutlicher Wandel in der Denkweise von modernen Führungskräften ab.

Um als Führungskraft erfolgreich zu sein, bedarf es in modernen Arbeitswelten mehr als Fachkompetenz. Faktoren, welche die emotionale Intelligenz, die Kommunikationsfähigkeiten und das Einfühlungsvermögen betreffen, rücken zunehmend in den Vordergrund der Schlüsselkompetenzen von Führungskräften. Das eigene Unternehmen als systematisches Ganzes zu betrachten, kann dazu führen, Mitarbeiter im Gesamtkontext zu Hochleistungen anzuspornen und die vorhandenen Kompetenzressourcen bestmöglich einzusetzen. Fähigkeiten und Kompetenzen von Mitarbeitenden müssen deshalb erkannt und effizient in unternehmensbezogene Arbeitsprozesse eingebunden werden.

Um Mitarbeiter in modernen Zeiten erfolgreich zu führen, lohnt es sich daher, sich mit der Technik des systemischen Fragens auseinanderzusetzen. Sie bildet das Handlungswerkzeug einer jeden Führungskraft.

Der Ursprung der systemischen Technik liegt in der systemischen Beratung, die sowohl in Therapieansätzen als auch in der Beratung von Organisationen zum Einsatz kommt. Unter der Begrifflichkeit werden verschiedene Frageformen zusammengefasst, die sowohl in Form von offenen als auch geschlossenen Fragen formuliert werden können.

Unter offenen Fragestellungen versteht man Fragen, die kein vorgefertigtes Antwortformat voraussetzen. Sie sind neutral formuliert und lassen dem Befragten Spielraum, ohne Antwortmöglichkeiten zu implizieren oder zu suggerieren. Sie eignen sich besonders gut, um gesammelte Informationen zu erhalten, und können nicht ausschließlich mit Ja oder Nein beantwortet werden. Daher ist es das Ziel offener Fragen, qualitative Informationen zu erfassen.

Beispiele für offene Fragen:

- Was sind Ihrer Meinung nach die größten Herausforderungen bei diesem Vorgehen?
- Warum haben Sie sich für diese Denkweise entschieden?
- Für welches Vorgehen wäre dieser Projektvorschlag geeignet?
- Können Sie konkrete Schritte aus der Methode ableiten, an denen wir uns bei der Problemlösung orientieren können?

Geschlossene Fragen bieten dem Befragten wenig Antwortspielraum. Sie fordern eine klare Entscheidung für eine Antwortmöglichkeit und bieten bei der Beantwortung meist ein sehr geringes Spektrum an Antwortmöglichkeiten. Das Antwortformat ist zumeist sehr konkret festgelegt, sodass knappe Antworten entstehen. Das Frageformat zielt darauf ab, auswertbare Informationen zu generieren.

Beispiele für geschlossene Fragen:

- Würden Sie bei unserer Vorgehensweise Methode A oder B präferieren?

- Wollen Sie an Projekt A oder B mitarbeiten?
- Wenn Sie wählen könnten: Würden Sie sich für Idee A oder für Idee B entscheiden?
- Ist Ihnen das Vorgehen im Rahmen unseres Projektes schwergefallen?

Jede Frageart erfüllt dabei eine spezifische Funktion. In der Praxis werden die Fragearten häufig kombiniert angewendet, um die Kommunikation in eine für das Unternehmen sinnvolle Richtung zu lenken.

Im Allgemeinen verfolgen systemische Fragen stets das Ziel, den Befragten zum Umdenken und Einnehmen neuer Blickwinkel zu bewegen. Damit zielen sie darauf ab, Informationen zu gewinnen, die zu verbesserten Routinen sowie Denk- und Handlungsweisen führen, aber auch zu Lösungen konkreter Problemlagen bei komplexen Arbeitsaufgaben.

Hypothesenfragen

Hypothetische Fragen generieren ein Gedankenexperiment. Auch wenn sie keinen direkten Lösungsweg eröffnen, führen sie zu neuen Denkansätzen und eröffnen neue Blickwinkel, welche die Lösung der Problemstellung vorantreiben können. Darüber hinaus kann mithilfe von hypothetischen Fragen erkannt werden, ob eine bestimmte Idee zielführend sein kann oder zukünftig überdacht werden muss.

Limitierende Faktoren sollen im Rahmen dieses Gedankenexperiments ausgeschaltet werden, sodass die Befragten zu kreativen Antworten gelangen können. Es geht darum, bestimmte Szenarien hypothetisch durchzuspielen und dabei auf ihre Effektivität und Sinnhaftigkeit hin zu bewerten. Die aus diesem Kontext entstandenen Ideen werden analysiert und verglichen und bei positiver Bewertung weiter ausgebaut oder aber entsprechend verworfen.

Beispiele für Hypothesenfragen:

- Was würden Sie tun, wenn niemand davon betroffen wäre?
- Welches Ziel würden Sie favorisieren?
- Was würden Sie tun, wenn Zeit keine Rolle spielen würde?
- Wie würden Sie agieren, wenn Ihr Budget unbegrenzt wäre?
- Was würden Sie tun, wenn Ihr Vorgesetzter Sie morgen befördert?
- Wenn Sie die Angst vor dem Scheitern abstellen könnten, was würden Sie tun?
- Wie würden Sie antworten, wenn Ihr Kollege um Ihre Meinung bittet?
- Was würden Sie tun, wenn Sie Ihre Ziele morgen erreichen?
- Welches Gehalt würden Sie sich selbst zahlen?
- Wie würden Sie agieren, wenn die Verantwortung allein bei Ihnen läge?

Fragen zu Zusammenhängen (zirkuläre Fragen)

Zirkuläre Fragen zählen zu den klassischen Fragen des systemischen Kontexts. Sie dienen dazu, den Befragten zu einem Gedankenexperiment zu animieren. Im Rahmen des Gedankenexperiments soll er einen Perspektivenwechsel vornehmen, der ihm eine neue Sicht auf die aktuelle Situation oder Problemstellung ermöglicht. Die eigenen Denkweisen sollen hinterfragt werden und andere Blickwinkel auf das Problem nachvollziehbar gemacht werden.

Am effektivsten sind zirkuläre Fragen dann, wenn die Personen, deren Blickwinkel eingenommen werden soll, am Gedankenexperiment beteiligt werden. So können sich beide Kommunikationspartner in die jeweils andere Sichtweise hineinversetzen und ein besseres Verständnis für das Gegenüber entwickeln.

Der Vorteil zirkulärer Fragen liegt dabei deutlich in der Forderung danach, sich in die Lage des Kommunikationspartners hineinzuversetzen. Hierzu ist es erforderlich, dass der Befragte über die Bereitschaft verfügt, seinen Standpunkt zu verlassen und neue Betrachtungsweisen zuzulassen.

Beispiele für zirkuläre Fragen:

- Wie würde Ihr Vorgesetzter das beurteilen?
- Wie würde Ihr Kollege auf diesen Vorschlag reagieren?
- Denken Sie, Ihr Vorgesetzter wäre damit zufrieden?
- Wie würde Ihr Partner darüber denken?
- Wie würde ein neutraler Beobachter die Situation bewerten?
- Welches Verhalten würde aus Ihrer Sicht Ihr Arbeitgeber erwarten?
- Warum hat Ihr Gegenüber so reagiert?
- Wie würden Ihre Freunde Sie beraten?
- Welche Reaktion erwarten Sie von Ihrem Kunden?

Skalierungsfragen

Skalierungsfragen sollen die Komplexität einer Fragestellung temporär reduzieren und Probleme aus dem richtigen Blickwinkel betrachten. Fragestellungen in Bezug auf die Problemstellung, die zuvor als überfordernd wahrgenommen wurden, können so besser begreifbar werden, sodass sich die Problemstellung besser einordnen und schlussendlich lösen lässt.

Skalierungsfragen sorgen dafür, dass nicht objektive Einschätzungen besser messbar gemacht werden können.

Beispiele für Skalierungsfragen:

- Wie gut geht es Ihnen im Vergleich zum Vorjahr?
- Wie beurteilen Sie das Problem auf einer Skala von 1 bis 10?
- Wie ordnen Sie das Problem verglichen mit vorherigen Problemstellungen ein?
- Auf einer Skala von 1 bis 5: Wie zufrieden sind Sie gerade?
- Wie beurteilen Sie Ihre Leistung in diesem Jahr im Vergleich zum Vorjahr?
- Wenn der perfekte Tag eine 10 ist: Wie geht es Ihnen heute?
- Auf einer Skala von 1 bis 10: Wie beurteilen Sie Ihre eigene Leistungsfähigkeit diesen Monat?
- Auf einer Skala von 1 bis 10: Wie nah sind Sie Ihrem Ziel?

Informationen hinterfragen

Fragen, die Informationen hinterfragen, dienen dazu, die Absichten des Befragten zu hinterfragen. Die damit gelieferten Antworten sollen ein besseres Verständnis für die jeweiligen Sichtweisen ermöglichen und die Befragten dazu bringen, die eigenen Sichtweisen und Aussagen erneut zu überdenken und gegebenenfalls an neue Erkenntnisse anzupassen.

Beispiele für Fragen, die Informationen hinterfragen:

- Was genau meinen Sie mit …?

- Woran zeigt sich das genau?
- Was lässt sich beobachten, wenn …?
- Was genau passiert, wenn …?
- Was genau macht Ihren Standpunkt aus?
- Wie könnte die Ausgestaltung des Projekts außerdem verändert werden?

Lösungsorientierte Fragen

In berufsbezogenen Diskussionen kreisen Fragen häufig um Problemstellungen - also um die Defizite, die mit einer bestimmten Projektaufgabe einhergehen - oder um die Umstände, unter denen die Projektlösung von Vorgesetzten erwartet wird. Diese Form der Fragestellung fungiert nicht im Sinne der Problemlösung, da sie sich ausschließlich an Defiziten orientiert.

Mithilfe von lösungsorientierten Fragestellungen kann die Aufmerksamkeit auf mögliche Lösungsvorschläge sowie die damit verbundenen benötigten Ressourcen gelenkt werden. Dies gestaltet den Verlauf der Kommunikation positiver und eröffnet neue Lösungswege. Auch hier wird ein anderer Blickwinkel eingenommen, der bis dato aufgrund der Defizitorientierung ausblieb.

Ungenutzte Ressourcen und Möglichkeiten können mithilfe von lösungsorientierten Fragestellungen identifiziert und genutzt werden.

Lösungsorientierte Fragestellungen schaffen darüber hinaus eine positive Atmosphäre, eröffnen Chancen, decken Stärken und Talente auf und generieren mögliche Lösungsansätze.

Beispiele für lösungsorientierte Fragen:

- Woran erkennen Sie, dass Sie zur Lösung des Problems den richtigen Weg eingeschlagen haben?
- Welche Schritte müssen Sie als Nächstes gehen?
- Wann lief oder läuft die Problemlösung/Ideenfindung gut?
- Welche Probleme konnten bereits gelöst werden?
- Wer/Was ist für den Erfolg besonders wichtig?
- Was wird benötigt, um einen reibungslosen Ablauf zu gewährleisten?
- Wodurch lassen sich Probleme vermeiden?
- Welche Ihrer Stärken können Sie einsetzen, um die Problemlösung/Ideenfindung zu unterstützen?
- Wen können Sie um Hilfe bitten?
- Wie hätten Sie das Problem früher gelöst?

Zielfragen

Zielorientierte Fragestellungen sollen den Mitarbeiter dazu befähigen, eine konkrete Vorstellung von zukünftigen Entwicklungen zu erhalten. In der Konsequenz soll die Fragemethode dazu führen, Unternehmensperspektiven offenzulegen und besser verständlich zu machen. Darüber hinaus werden konkrete Perspektiven vor dem Hintergrund der vorhandenen Ressourcen sowie die damit verbundenen Hindernisse analysiert.

Beim Mitarbeiter soll dies zu einem Wechsel der Denkrichtung führen. Er soll sich nicht am Problem, sondern an möglichen Zielen und Lösungsansätzen orientieren. Eine Bewertung dessen, was im Rahmen eines Unternehmens möglich ist, fällt Mitarbeitern häufig leichter als die Frage danach, was stattdessen getan werden könnte, um Szenarien, die im Rahmen der Ideenfindung auftreten, möglich zu machen.

Häufig orientieren sich zielorientierte Fragestellungen daher an der Zukunft und beschreiben einen erwünschten Zustand. Sie zeigen Mitarbeitenden Folgen für bestimmte Zielvorstellungen auf und ermöglichen die Analyse bestimmter Hindernisse.

Beispiele für Zielfragen:

- Woran merken Sie, dass Sie Ihr Ziel erreicht haben?
- Was könnten Sie nun in der Folge tun?
- Welches Ziel verfolgt Ihr Projekt?
- Welches Problem wollen Sie lösen?
- Warum wollen Sie Ihr Ziel erreichen?
- Können Sie Ihr Ziel konkretisieren?
- Wann wird Ihr Projekt überflüssig?

Fragen zur Zukunft

Wenn im Rahmen der systemischen Fragestellung Fragen zur Zukunft verwendet werden, geht es darum, mögliche Lösungswege zu erörtern. Zumeist folgen sie im Anschluss an lösungsorientierte Fragestellungen und verfolgen die Weiterentwicklung konkreter Problemlösungsstrategien.

Beispiele für Fragen zur Zukunft:

- Wie wird sich das Problem weiterentwickeln?
- Wie wirkt sich diese Vorgehensweise vermutlich auf die Problemstellung aus?
- Woran würden Sie erkennen, dass das Problem gelöst ist?

- Was wäre, wenn ...?
- Gesetzt den Fall, ...?
- Angenommen, ...?
- Wie kann sich das Problem noch verschlimmern?
- Wann können wir mit Ergebnissen rechnen?

Ressourcenorientierte Fragen

Ressourcenorientierte Fragen zielen darauf ab, Kompetenzen, Erfahrungen, Wissen, Netzwerke und Motivationen zu erfassen, die vorhanden sind, um den Herausforderungen, die mit dem Problem einhergehen, entgegenzutreten. Aus diesem Grund sollten Ressourcenfragen im Rahmen der systemischen Herangehensweise immer zu den Fragen zählen, die am Anfang eines Prozesses gestellt werden. So können sich die Mitarbeitenden die vorhandenen Ressourcen erneut ins Gedächtnis rufen und ihre Ideen anhand dieser Ressourcen bewerten. Das schafft Sicherheit und führt zu Kreativität und Selbstwirksamkeit.

Beispiele für ressourcenorientierte Fragen:

- Was hat Ihnen bisher in dieser Situation geholfen?
- Wer/Was kann Sie bei der Problemlösung unterstützen?
- Was haben Sie bereits unternommen?
- Gibt es Verhaltensmuster, auf die Sie in schwierigen Situationen zurückgreifen können?
- Kennen Sie den Verlauf ähnlicher Projekte?
- Wenn die Problemlösung ein Kochrezept wäre: Welche Zutaten bräuchten Sie, um das Gericht Schritt für Schritt fertigzustellen?

Ausnahmefragen

Ausnahmefragen eignen sich vor allem dazu, dem Befragten die Möglichkeit zu geben, seine eigenen Denkweisen zu hinterfragen. Ausnahmefragen suchen nach Ausnahmen, die alte Denkmuster aufbrechen und neue Sichtweisen ermöglichen. Hierbei werden unterschiedliche Sichtweisen und Bedeutungszusammenhänge eines Problems identifiziert und auf ihre Sinnhaftigkeit hinterfragt.

Beispiele für Ausnahmefragen:

- Teilen Ihre Kollegen Ihre Ansichten zum Problem?
- Wer hat eine andere Sichtweise?
- Gibt es Situationen, in denen Ihr Problem nicht auftritt?
- Wie gehen Sie damit um, wenn Kollegen Ihre Sichtweise nicht teilen?
- Wie wären Sie früher damit umgegangen?
- Wie gehen Sie damit um, wenn ich als Ihr Vorgesetzter Ihre Idee nicht unterstütze?
- Welche Vorteile haben Sie, wenn Sie sich die Sichtweise Ihrer Kollegen anhören?
- Wie erklären Sie Ihren Kollegen, dass Ihre Sichtweise wichtige Aspekte aufweist?

Entscheidungsfragen

Entscheidungsfragen gehören zu den klassischen Fragearten. In aller Regel sind sie nur mit Ja oder Nein zu beantworten. Sie fordern den Befragten auf, eine Entscheidung zu treffen. Daher eignen sie sich besonders am Ende einer Diskussion, um eine finale Entscheidung einzuleiten und um Maßnahmen zur Zielerreichung festzulegen. Sie dienen zudem der Vergewisserung in Bezug auf einen bestimmten Sachverhalt.

Beispiele für Entscheidungsfragen:

- Ist Ihr Lösungsansatz als zielführend zu bewerten?
- Können Sie den Lösungsansatz von … empfehlen?
- Sind Sie mit der Lösung zufrieden?

Gefühlsfragen

Gefühlsfragen eignen sich dann, wenn Herausforderungen bereits in Zahlen, Daten und Fakten erfasst und geschildert wurden. Sie dienen dazu herauszufinden, was den Mitarbeiter vor dem Hintergrund der gestellten Aufgabe beschäftigt, und bieten Raum, Ängste und Gefühle der Unsicherheit, die in Verbindung mit der Aufgabenstellung stehen, zu äußern. Darüber hinaus sollen sie den Mitarbeitenden dabei helfen, eventuell bestehende Probleme besser einzuordnen und realistisch zu bewerten.

Beispiele für Gefühlsfragen:

- Wie fühlen Sie sich damit?
- Ärgert Sie die Situation?
- Was fühlen Sie dabei?
- Wie haben Sie sich gefühlt, als …?

Verdeckte Fragen

Verdeckte Fragen werden häufig im Kontext von Bewerbungssituationen eingesetzt. Sie zielen darauf ab, dem Befragten unbemerkt eine Information zu einem gewünschten Sachverhalt zu entlocken. Meist werden hierbei unangenehme Themen verpackt.

Beispiele für verdeckte Fragen:

- Haben Sie einen Parkplatz direkt vor dem Haus gefunden? (Eigentlich: Besitzen Sie einen Führerschein?)
- Haben Sie vor, in nächster Zeit in Urlaub zu fahren? (Eigentlich: Wie ist Ihre Einstellung zu einem potenziellen neuen Job? Was ist Ihnen wichtiger? Wie ist Ihre Arbeitseinstellung?)

Paradoxe Fragen

Die paradoxe Fragestellung zielt darauf ab, den Befragten dazu einzuladen, sich das Worst-Case-Szenario vorzustellen. Damit soll das vorhandene Problem intensiviert und besser eingeordnet werden. Das Gedankenspiel soll dem Befragten in seinem Verlauf helfen, die Problematik in seine aktuelle Situation einzuordnen. In der Konsequenz soll dieses Szenario eine Denkweise anregen, die zu Handlungsmustern führt, welche die Betreffenden die Problemstellung erkennen lassen und ihnen in der Folge zu kreativen Lösungswegen verhelfen.

Für die Durchführung paradoxer Fragestellungen ist es wichtig, dass sich die Befragten auf die systemischen Fragestellungen einlassen und ihnen gegenüber offen sind.

Beispiele für paradoxe Fragen:

- Was müssten Sie tun, um das Problem zur Eskalation zu bringen?
- Was müssten Sie tun, um das Projekt zum Scheitern zu bringen?
- Was müssten Sie tun, damit Sie ein Scheitern nicht mehr aufhalten können?
- Wie können Sie das Problem verstärken?

- Was können Sie tun, um eine Beförderung zu verhindern?
- Wie können Sie Ihren Vorgesetzten gegen sich aufbringen?
- Was würde dazu führen, dass Sie kündigen?

Rhetorische Fragen

Rhetorische Fragen sind Fragen, die nicht nach einer bestimmten Antwort verlangen, den Befragten jedoch zum Überdenken seiner Handlungen und Denkmuster anregen. Die Antwort kann entweder offengelassen oder sogar vom Fragesteller beantwortet werden. Die rhetorische Frage dient nicht dazu, dem Befragten Informationen zu entlocken, sondern soll die in der Frage enthaltene Behauptung bestätigen und das Gespräch in die gewünschte Richtung lenken.

Beispiele für rhetorische Fragen:

- War die Lösung nicht offensichtlich für Sie?
- Sie stimmen mir sicherlich zu, dass das Vorgehen für Idee A plausibler erscheint?
- Konnten wir uns diesen Ausgang nicht eigentlich denken?

Die Bedeutung guter Kommunikation

Warum gute Kommunikation so wichtig ist

Im betrieblichen Umfeld wird zwischen interner Kommunikation (Mitarbeiter, Vorgesetzte) und externer Kommunikation (Lieferanten, Kunden) unterschieden. Für ein erfolgreiches Unternehmen müssen beide Kommunikationswege funktionieren. Kommunikationsfähigkeiten sind daher nicht nur ein wichtiger Bestandteil und Motor bestehender Gesellschaften, sondern haben auch im Rahmen von Führungsstilen und -kompetenzen zunehmend an Bedeutung gewonnen.

Die Wichtigkeit funktionierender Kommunikationsstrategien setzt bei Führungskräften die Kenntnis der Instrumente und Methoden voraus, die für die Anwendung eines angemessenen und effektiven Kommunikationsstils wichtig sind.

Unter Kommunikationsfähigkeit wird in diesem Kontext daher die Bereitschaft verstanden, mit anderen Informationen auszutauschen. Sie dient außerdem dazu, mit anderen in Beziehung zu treten. Zu einer guten Kommunikationsfähigkeit gehört immer auch die Fähigkeit, Ziele, Wünsche und Botschaften so klar zu formulieren, dass sie für das Gegenüber klar und deutlich zu interpretieren sind. Zur Kommunikation zählen aus psychologischer Sicht im Rahmen eines Gesprächs neben dem gesprochenen Wort (verbale Kommunikation) auch die Mimik und Gestik einer Person (nonverbale Kommunikation).

Da Führung durch Kommunikation erfolgt, ist es wichtig, im Austausch mit Mitarbeitern transparent zu bleiben. Deshalb stellt die Bereitschaft, sich auf das Gegenüber einzulassen, eine elementare Voraussetzung dar. Da Kommunikation praktisch immer stattfindet, müssen sich Führungskräfte über die Bedeutung dieses Führungsinstruments bewusst sein. Worte sollten daher mit Bedacht gewählt werden, sowohl in Mitarbeitergesprächen als auch in Verhandlungen mit Lieferanten oder Kunden, die man von seinem Unternehmen überzeugen möchte. Gespräche jeder Art sollten daher im Vorfeld gut vorbereitet und durchdacht werden. Grundlage für die Gesprächsführung sind dabei immer die Ziele, die mit dem Gespräch auf unternehmerischer und arbeitsbezogener Ebene erreicht werden sollen. Um diese Ziele klar formulieren zu können, bedarf es einer gewissen Selbstreflexion. Diese Faktoren bieten dann die Grundlage für ein positives, konstruktives Ergebnis im Sinne der Wirtschaftlichkeit des Unternehmens.

Daneben sollten Mitarbeiter mit positiven Worten bestärkt werden. Positives Feedback stärkt die vertrauensvolle Beziehung zwischen Führungskraft und Mitarbeiter und erhöht auf lange Sicht die Leistungsbereitschaft des Mitarbeiters. Auch hier sollten die Worte mit Bedacht gewählt werden. Bedeutungslose Floskeln zeigen wenig Wirkung und gelten bei den Mitarbeitenden eher als Augenwischerei und Desinteresse. Anlass für ein wertschätzendes Lob kann ein neu akquirierter Kunde bzw. ein neu generierter Auftrag, eine besondere Idee oder ein besonders gut abgeschlossener Auftrag sein.

Eine gute Führungskraft fördert demnach Kommunikation, motiviert Mitarbeiter und schafft eine Arbeitsumgebung, in der effektive Arbeitsergebnisse erzielt werden können. Gute Kommunikation erfolgt auf Augenhöhe und toleriert sowohl die Stärken als auch die Schwächen aller Beteiligten.

Für einen guten Kommunikationsverlauf ist es deshalb wichtig, dass bestimmte Phrasen vermieden werden. Dies gilt insbesondere für Formulierungen, die zum Beispiel folgende Wörter beinhalten:

- immer
- nie
- jeder
- alle
- niemand

Verallgemeinerungen tragen weder zur Förderung des Einzelnen bei noch sorgen sie beim Gegenüber für Motivation. Aus diesem Grund sollten sie grundsätzlich vermieden werden. Für eine gute Kommunikation sollten sich Führungskräfte vielmehr an folgenden Punkten orientieren und diese in ihr Kommunikationsmuster einfließen lassen:

- **Zielorientierung:** Im Rahmen von Gesprächen mit Mitarbeitern sollten sich Führungskräfte immer die Frage stellen, worauf der Gesprächspartner hinausmöchte. Vor dem Beginn eines jeden Gesprächs sollte Ihnen als Führungskraft klar sein, welches Ziel Sie mit der Unterhaltung verfolgen. Sie sollten Ihre Absichten kennen und das Gespräch dadurch lenken. Auf diese Weise ermöglichen Sie Ihrem Gesprächspartner Transparenz und Klarheit in dem, was Sie vermitteln möchten. Zudem unterstützen Sie sich selbst dabei, Ihre Ziele in die Umsetzung zu überführen.

- **Körpersprache:** Bei jedem Mitarbeitergespräch sollten Sie sich vor Augen führen, dass Ihre Körpersprache einen hohen Anteil daran hat, wie Ihre Gesprächsabsichten wirken. Auch an der Mimik und Gestik beider Gesprächspartner lässt sich bereits einiges ablesen. Aus diesem Grund erscheint es in jedem Fall sinnvoll, sich mit der Körpersprache zu befassen und gezielt auf ausgesendete Signale zu achten, sowohl bei sich selbst als auch beim Gegenüber.

- **Deutlichkeit:** Die häufigste Fehlerquelle für Missverständnisse im Rahmen von Kommunikation liegt in der Uneindeutigkeit zwischenmenschlicher Kommunikation. Daher ist es sehr wichtig, im Rahmen von Kommunikationsprozessen klare Botschaften zu senden und Absichten und Arbeitsaufträge deutlich zu konkretisieren. Klare und einfache Formulierungen, die konkrete Ziele und Erwartungen benennen, können hierbei hilfreich sein.

- **Intonation:** Nicht nur das Gesagte ist entscheidend für eine gute Kommunikation, sondern auch die Art und Weise, wie es kommuniziert wird. Im Ton Ihrer Aussage sollte immer auch die dahinterstehende Intention mitschwingen.

- **Perspektivenwechsel:** Das Erfolgsversprechen guter Kommunikation liegt in der Fähigkeit, die Perspektive des Gesprächspartners einzunehmen und das Besprochene von seinem Standpunkt aus zu betrachten. Darüber hinaus sollten die Regeln des respektvollen Umgangs miteinander befolgt werden. Beide Gesprächspartner sollten aussprechen dürfen und nicht unterbrochen werden. Darüber hinaus sollten sie aufmerksam und aktiv zuhören.
- **Timing:** Für eine erfolgreiche Kommunikation spielt es eine Rolle, wann bestimmte Themen besprochen werden. Gerade bei sensiblen Themen sollte der richtige Zeitpunkt abgewartet werden, bevor das Gespräch mit dem Gegenüber erfolgt.

Die Grundvoraussetzung für eine gute Unternehmenskommunikation bildet daher die Kenntnis der Grundlagen von Kommunikation, die Anerkennung des eigenen Kommunikationsstils und des damit verbundenen Führungsstils sowie die Kenntnis der Ansprüche und Bedürfnisse, die sich aus den Interessen der Mitarbeiter ergeben.

Eine gute Kommunikation sorgt daher dafür, dass sich die Beschäftigten wahr- und ernst genommen fühlen. Ihre Leistung erfährt auf diese Weise Wertschätzung, was das Verbundenheitsgefühl mit dem Unternehmen sowie die Motivation und die damit verbundene Leistungsbereitschaft langfristig stärken kann.

Eine klare, verständliche und strategisch durchdachte Kommunikation ist deshalb elementar, wenn ein Unternehmen dauerhafte Erfolge anstrebt und seine Produktivität steigern möchte.

Die Folgen schlechter Kommunikation

Damit Unternehmensprozesse funktionieren, muss im Rahmen organisationaler Strukturen Kommunikation stattfinden. Die Notwendigkeit von Kommunikation ist unbestritten, wird aber dennoch häufig vernachlässigt. Das Bewusstsein für den Einfluss interner Kommunikation auf die Wirtschaftlichkeit eines Unternehmens fehlt schlichtweg. Je größer ein Unternehmen, desto größer die Herausforderungen, die sich mit der Komplexität der Arbeitsaufgaben ergeben.

Folgen kommunikativer Missverständnisse können dann fatal sein. Fehlende Kommunikation generiert Unsicherheit, ermöglicht Deutungsspielräume und erzeugt auf diese Weise eine Vielzahl von Missverständnissen. Beim Ausbleiben guter Kommunikationsstrukturen werden durch das Fehlen von Informationen Aufgabenstellungen nicht richtig bearbeitet. Das kann zu Verzögerungen bei Projekten führen und Frustration bei den Mitarbeitern auslösen. Darüber hinaus werden durch mangelnde Abstimmung Ressourcen verschwendet, weil Problemstellungen doppelt bearbeitet werden müssen. Es drohen Konflikte, individuelle Unzufriedenheit sowie Leistungs- und Motivationseinbußen, die auf Dauer die Wirtschaftlichkeit und die Effizienz des Unternehmens belasten und ihm schaden können.

Typische Fehler interner Kommunikation können sein:

- **verspätete, unvollständige oder widersprüchliche Informationsweitergabe:** Bei der Informationsweitergabe an Mitarbeiter oder Vorgesetzte sollte Ehrlichkeit die oberste Priorität haben. Tatsachen sollten weder verdreht noch beschönigt werden. Vor allem negative Informationen sollten umgehend kommuniziert werden, um Missverständnisse oder Flurfunk zu vermeiden. Darüber hinaus verhindert eine ehrliche

Kommunikationsweitergabe Vertrauenseinbußen in der Mitarbeiterbeziehung.

- **zu frühe oder späte Informationsweitergabe:** Für die gesunde Kommunikation eines Unternehmens spielt auch der zeitliche Aspekt eine tragende Rolle. Wenn Mitarbeiter bestimmte Informationen über externe Medien erfahren, bevor sie intern offiziell kommuniziert wurden, kann dies zu Verwirrung, Irritationen und Enttäuschung führen. Auch zu früh weitergegebene Informationen können diesen Effekt haben. Es empfiehlt sich daher, Informationen zwar rechtzeitig zu kommunizieren, aber immer erst dann, wenn das weitergegebene Wissen als gesichert eingestuft wird.
- **ineffektive Informationskanäle:** Wenn für die Weiterleitung von Informationen Kanäle oder bestimmte Tools angewendet werden, sollte die Zielgruppe diese auch nutzen. Werden sie nicht von der Zielgruppe genutzt, läuft die Kommunikation in eine Sackgasse. Es sollte daher im Vorfeld eingehend geprüft werden, welche Form der Informationsweitergabe sich für die Zielgruppe am besten eignet und sie anspricht. Entsprechend der Eignung sollten dann Informationskanäle implementiert werden.
- **fehlende Verantwortlichkeit:** Im Rahmen eines Unternehmens sollten die Verantwortlichkeiten für den internen Kommunikationsfluss immer klar geregelt werden. Sind sie nicht genau geregelt, werden Informationen ggf. ungewollt verbreitet, was in der Folge negative Auswirkungen auf die Wirtschaftlichkeit und Leistungsfähigkeit des Unternehmens haben kann. Zuständigkeiten sollten daher immer genau geregelt werden. Zudem sollten die jeweiligen Zuständigkeiten den Mitarbeitenden so kommuniziert werden, dass sie klar und strukturiert nachvollziehbar sind.

- **Überheblichkeit aus Führungsriege:** Mitarbeiter sollten immer auf Augenhöhe behandelt werden. Respekt bildet dabei die oberste Priorität. Sie ist die unveränderbare Basis für jede Kommunikation. Durch überhebliche Verhaltensweisen fühlen sich Mitarbeiter häufig abgestoßen oder demotiviert. Beim Umgang mit dem Mitarbeiter sollte nicht vergessen werden, dass auch er einen wesentlichen Teil zum Unternehmenserfolg beiträgt und seine Tätigkeit daher Anerkennung, Wertschätzung und Lob verdient.

- **Mitarbeiter nicht als Menschen wahrnehmen:** Die Kommunikation mit Mitarbeitern sollte stetig gepflegt werden. Ein regelmäßiger Austausch, der dem Mitarbeiter zeigt, dass nicht nur seine Arbeitskraft von Interesse ist, trägt zur Erhaltung seiner Motivation bei und steigert langfristig seinen Willen zur Leistungsbereitschaft. Eine gute Beziehung zu den Mitarbeitenden zu pflegen, ist daher ein wesentlicher Bestandteil einer guten und wirtschaftlichen Unternehmenskultur. Mitarbeiter sollten nicht nur als Beschäftigte, sondern immer auch als Teil des Unternehmens gesehen werden.

- **fehlende Wertschätzung:** Neben der Information über aktuelle Belange des Unternehmens erwarten Mitarbeiter die Anerkennung und Wertschätzung ihrer erbrachten Leistung. Im Unternehmensalltag kommen diese häufig zu kurz. Führungskräfte sollten daher, wenn angemessen, aufrichtiges Lob und anerkennende Worte an die Belegschaft richten, da dies zur Mitarbeitermotivation beiträgt.

- **Divide et impera??? – Abteilungsgrenzen überwinden:** Viele Unternehmen denken in Abteilungen. Dass für den Unternehmenserfolg das Zusammenwirken der

Abteilungen eine wichtige Rolle spielt, wird dabei gerne vergessen. Die Abgrenzung einzelner Abteilungen voneinander blockiert eine gute interne Kommunikation. Langfristig führt dies dazu, dass Unternehmen daran scheitern können. Abteilungsübergreifende Kommunikation ist daher nicht nur wichtig, sondern auch erwünscht, um aus gemeinsamen Projekten neue Potenziale abzuleiten.

- **nicht mitreden dürfen:** Auch eine gut vorbereitete Kommunikation erscheint sinnlos, sofern Mitarbeiter in Kommunikationszusammenhängen nicht die Möglichkeit erhalten, ihre eigenen Meinungen und Ansichten mitzuteilen. Vor allem aus Praxissicht kann die Einnahme des Mitarbeiter-Blickwinkels Entwicklungspotenziale eröffnen. Genau aus diesem Grund sollten Mitarbeiter auch in Entscheidungsprozesse eingebunden und als Experten ihres Wissensbereichs eingesetzt werden.

Zusammengefasst bilden motivierte Mitarbeiter die Basis wirtschaftlich erfolgreicher Unternehmen. Kommunikation ist in diesem Kontext der "Klebstoff" für die Beziehungen der Akteure. Auf organisationaler Basis dient Kommunikation dazu, Lösungsansätze zu schaffen.

So hören Sie Ihren Mitarbeitern richtig zu

Neben der Kommunikationsfähigkeit beeinflusst auch die Fähigkeit, dem Gesprächspartner zuzuhören, maßgeblich das Betriebsklima und damit den Unternehmenserfolg. Nur wer seinen Teammitgliedern aktiv Beachtung und ein offenes Ohr schenkt, kann Probleme frühzeitig analysieren und darauf reagieren.

Aber was bedeutet aktives Zuhören eigentlich? Der Begriff des aktiven Zuhörens impliziert, dass man sein Gegenüber verstehen möchte. Im Kontext des beruflichen Alltags geht es darum, zuzuhören und darauf zu achten, welche Absichten der Gesprächspartner mit dem Gesagten verfolgt. In der Konsequenz verbessert das die Kommunikation und Zusammenarbeit.

Beim Zuhören unterscheidet man zwischen vier verschiedenen Arten des Zuhörens:

- **empathisches Zuhören:** Das empathische Zuhören verfolgt die Absicht, den Gesprächspartner zu verstehen. Diese Art des Zuhörens erfolgt vor allem in einem persönlichen Gespräch. Der Fokus liegt dabei vollständig auf der Person, die etwas mitteilt.
- **wertschätzendes Zuhören:** Hier geht es darum, das Gehörte wahrzunehmen und in Anwesenheit der betreffenden Person wertzuschätzen.
- **aufmerksames Zuhören:** Aufmerksames Zuhören verfolgt in erster Linie die Absicht, etwas Neues zu lernen. Diese Art des Zuhörens kommt vor allem in Diskussionen und im Austausch mit anderen zum Einsatz.
- **kritisches Zuhören:** Bei dieser Art des Zuhörens geht es darum, sich eine Meinung zu den Äußerungen des Gegenübers zu bilden. Sie kommt ebenfalls in Diskussionen mit anderen zum Einsatz.

Aktives Zuhören kann durch die Führungskraft untermalt werden, indem diese das Gesagte paraphrasiert, um dem Mitarbeiter zu signalisieren, dass die Inhalte verstanden wurden. Auch konkrete, offene Fragen können in diesem Kontext zum Einsatz kommen und sinnvoll sein. Mögliche Fragen/Aussagen könnten in diesem Kontext sein:

- Erzählen Sie mir mehr darüber.

- Warum haben Sie sich für diese Option entschieden?
- Wie kann ich Ihnen dabei helfen?
- Wie haben Sie sich dabei gefühlt?
- Was hat Sie dazu bewogen?
- Wie haben Sie XYZ gemeint?
- Sie meinen also, dass …
- Ich verstehe.
- Ich kann Ihnen gerade nicht folgen, können Sie mir das noch mal erklären?

Das Zuhören sollte stets wertfrei erfolgen. Während das Gegenüber erzählt, sollte Augenkontakt gehalten werden, um zu signalisieren, dass ein aktives Zuhören stattfindet. Die Grundvoraussetzung des aktiven Zuhörens liegt dabei immer im ehrlichen Interesse des Zuhörers, seine Aufmerksamkeit dem Sprecher entgegenbringen zu wollen.

Zuhören erfolgt in drei unterschiedlichen Phasen:

- **beobachten:** Beim Beobachten geht es darum, Blickkontakt zu halten und Aussagen, denen man zustimmt, mit der eigenen Körpersprache (Nicken) zu bestätigen.
- **verstehen:** Das Verstehen impliziert, dass der Zuhörer Rückfragen stellt, das Gesagte zusammenfasst und aus dem Gesagten konkrete Handlungsszenarien ableitet.
- **antworten:** Beim Antworten wird das eigene Verständnis des Gesagten überprüft, vor dem Hintergrund der eigenen Befindlichkeiten gespiegelt, aber das Gesagte nicht bewertet.

Tipps für gutes Zuhören können in diesem Zusammenhang sein:

- **weniger reden, mehr zuhören:** Auch wenn es sich meist leicht anhört, ist es oftmals schwer, mehr zuzuhören. Gerade im Kontext beruflicher Routinen oder während Deadlines fällt das Zuhören manchmal schwer. Um dennoch auch dem Mitarbeiter Raum zu geben, sollten sich Führungskräfte im Rahmen von Gesprächen häufiger zurücknehmen. Für die Kommunikation kann es in diesem Kontext förderlich sein, dem Mitarbeiter mit konkreten Fragen zu seinen Äußerungen zu begegnen, anstatt sofort den eigenen Standpunkt darzulegen.
- **nicht nur das hören, was man hören will:** Führungskräfte neigen schnell zu der Annahme, im Unternehmen laufe alles problemlos. Kritik wird dadurch leicht unterschätzt oder häufig gar nicht mehr wahrgenommen. Aus diesem Grund sollten Führungskräfte regelmäßig ihre eigenen Glaubenssätze auf den Prüfstand stellen, sich selbst hinterfragen und Handlungs- und Denkmuster den Gegebenheiten anpassen und ihre Skills regelmäßig hinterfragen.
- **nachfragen:** Im Rahmen von Kommunikation sollte nicht grundsätzlich davon ausgegangen werden, dass bekannt ist, was das Gegenüber zu verdeutlichen versucht. Solche Grundhaltungen implizieren Missverständnisse. Ein gesundes Nachfrage-Verhalten erscheint daher für das Verständnis des Gesamtzusammenhangs sinnvoller. Hilfreich können diese Fragen sein:
  - Habe ich das richtig verstanden?
  - Meinen Sie das so und so?
  - Gehe ich recht in der Annahme, dass …?
  - Wie haben Sie das gemeint?

- **Walk a mile in their shoes:** Um Mitarbeitern zu vermitteln, dass sie sich verstanden fühlen, ist Empathie ein unabdingbarer Bestandteil. Mitarbeiter wollen sich und ihre Ängste ernst genommen wissen. Auch hier kann für Führungskräfte ein Nachfragen sinnvoll sein.

Fragestellungen, die in diesem Kontext sinnvoll erscheinen, können sein:

> ➢ Würde Ihnen XY dabei helfen, sich wertgeschätzt zu fühlen?
>
> ➢ Welche Prozesse müssen verändert werden, damit Sie sich nicht mehr so gestresst fühlen?
>
> ➢ Wie könnte ich Ihnen dabei behilflich sein und Sie unterstützen?

Darüber hinaus sollten Führungskräfte Verständnis signalisieren und gemeinsam mit dem Mitarbeiter Lösungen finden.

- **Routine:** Führungskräfte sollten sich in regelmäßigen Abständen Zeit für einen Austausch mit Mitarbeitern oder dem Team nehmen. Im Rahmen dieser Zusammenkünfte sollte eine Feedback-Kultur etabliert werden, die es den Beteiligten ermöglicht, Fehler aufzuzeigen, Schwächen zu eliminieren und konkrete Lösungsansätze für Problemstellungen zu suchen. Die Möglichkeit, dass Mitarbeiter ihre Unzufriedenheit mit bestimmten Thematiken äußern können, kann langfristig positive Auswirkungen auf das Betriebsklima haben.
- **Jeder kommuniziert anders:** Es sollte beachtet werden, dass nicht jeder Mitarbeiter gerne in großen Runden oder unter Beobachtung der Kollegen spricht. Einigen fällt es leichter, ihre Ideen und Anregungen in Einzelgesprächen einzubringen. Daher ist es wichtig, auch andere

Kommunikationskanäle anzubieten, die einen Austausch ermöglichen.

Aus dem aktiven Zuhören ergeben sich für das Unternehmen unumstritten Vorteile. Zwischenmenschliche Beziehungen zwischen Mitarbeitern und Führungskräften können gestärkt werden. Auch die Zusammenarbeit im Team kann dadurch positiv beeinflusst werden. Schwierige Gesprächssituationen können auf diese Weise aufgelöst werden. Darüber hinaus wächst das Vertrauen gegenüber der Führungskraft, was langfristig die Motivation der Mitarbeiter aufgrund einer tiefen Verbundenheit zum Unternehmen steigern kann. Der mit dem Zuhören verbundene Aufbau von Vertrauen und der wertschätzende Umgang erzeugen bei Mitarbeitenden ein Verbundenheitsgefühl, das sich langfristig auf die individuelle Leistungsfähigkeit des Mitarbeiters und damit auf den wirtschaftlichen Erfolg des Unternehmens auswirkt. Auch Meetings profitieren von aktivem Zuhören. So können Ideen, die zur Sprache gebracht werden, besser erfasst und für alle verständlich gemacht werden.

Bei Führungskräften führt das Zuhören dazu, dass sie mehr erfahren und damit bessere Entscheidungen treffen können. Wichtiges kann auf diese Weise besser von Unwichtigem unterschieden werden. Auch wenn Zuhören mitunter anstrengend sein mag und mental auslaugen kann, lohnt es sich daher, dieses Soft Skill zu trainieren und im Unternehmensalltag anzuwenden.

Die 6-W-Fragetechnik

Die 6-W-Fragetechniken helfen Führungskräften und Mitarbeitenden dabei, eine gezielte Gesprächsführung zu strukturieren und voranzutreiben. Diese Technik wird zur Beschreibung von Problem- und Aufgabenstellungen verwendet und unterstützt die Strukturierung von Lösungsansätzen. Mithilfe von sechs Fragen wird die vorhandene Problemstellung präzise, sachlich und vollständig erfasst und anhand der folgenden Fragen beschrieben:

- Was?
- Wie?
- Warum?
- Wer?
- Wo?
- Wann?

Die Anwendung dieser Methode soll den Einstieg in ein wichtiges Thema oder eine akute Problemstellung erleichtern und die Reflexion vor dem Hintergrund konkreter Fragestellungen fördern. Mithilfe der Fragen werden aktuelle und dringende Themen erfasst und eine Übersicht über die zu behandelnde Problematik erstellt. Dies ermöglicht die Identifizierung der Problemstellung und fördert kreative und innovative Denkweisen der Mitarbeiter.

Die im Rahmen dieser Methodik entstehende Dynamik fördert das Teamgefühl und den Erfahrungsaustausch der unterschiedlichen Fachkräfte zu einer bestimmten Problemstellung/Thematik.

Sie eignet sich sowohl in heterogenen als auch in homogenen Gruppen, solange eine gemeinsame Problemstellung bearbeitet wird.

Inhaltlich kann mithilfe der sechs Fragestellungen jedes auftretende Problem analysiert werden. Die Technik hilft dabei, ein gezielteres Verständnis zu einer Problemstellung zu erhalten und sich eine Übersicht über selbige zu verschaffen. Dabei zielen die einzelnen Fragestellungen darauf ab, herauszufinden, ob zur Lösung der akuten Problemstellung bereits genügend Informationen vorhanden sind oder ob die fehlenden

Arbeitsbereiche noch weiter in ihrer Tiefe ergründet werden müssen. Die Methode versteht sich damit als Leitfaden für den Anwender, um blinde Flecken sichtbar zu machen und ihre Ursachen besser zu analysieren.

Damit die Fragestellungen sinnvoll und zielführend formuliert werden können, ist ein tiefgründiges Verständnis der zu behandelnden Thematik unabdingbar. Ist der Problemraum nicht in der Tiefe erfasst, wächst das Risiko, nicht zielführende Ideen zu generieren, die am Ende verworfen werden müssen.

Die Frage "Wer?" kann zum Beispiel durch folgende Unterfragen konkretisiert werden:

- Wer ist beteiligt?
- Wer entscheidet?
- Wer profitiert?
- Wen betrifft die Entscheidung?

Die Unterfragen ermöglichen durch ihre Impulse eine Auflistung involvierter Personen, die unterschiedliche Positionen und Blickwinkel sichtbar machen. Auf der Basis dieser Auflistung können Kommunikationsstrategien entwickelt werden, die Berührungspunkte mit den herausgearbeiteten Personenkreisen beschreiben.

Die Frage "Was?" kann zum Beispiel durch folgende Unterfragen konkretisiert werden:

- Was ist bereits bekannt?
- Was ist noch nicht bekannt?
- Was kann das Problem lösen?
- Was wurde zur Problemlösung bereits unternommen?

Aus den gestellten Unterfragen ergibt sich eine Auflistung an Aktivitäten und Ereignissen, mit deren Hilfe die am Prozess beteiligten Personen einen einheitlichen Kenntnisstand erlangen. Durch die Frage, was noch nicht bekannt ist, werden zugleich neue Arbeitsfelder abgeleitet, die nach Bewertung ihrer Wichtigkeit neu verteilt werden können.

Die Frage "Wann?" kann zum Beispiel durch folgende Unterfragen konkretisiert werden:

- Wann ist das Problem entstanden?
- Wann müssen wir interagieren?
- Wann muss etwas verändert werden?

Aus den Unterfragen leiten sich spezifische Zeiträume und Abläufe ab, die zum Hinterfragen der Wichtigkeit des Zeitpunktes anregen. Aus den Antworten können Einflussfaktoren abgeleitet und geprüft werden.

Die Frage "Wo?" kann zum Beispiel durch folgende Unterfragen konkretisiert werden:

- Wo tritt das Problem auf?
- Wo wurde das Problem bereits gelöst?

Die Unterfragen versuchen das Problem zu konkretisieren und bereits erste mögliche Lösungsansätze abzuleiten. Durch die Beschreibung des Entstehungsortes werden die Möglichkeiten entsprechend eingegrenzt.

Die Frage "Warum?" kann zum Beispiel durch folgende Unterfragen konkretisiert werden:

- Warum ist das ein Problem?
- Warum ist das Problem wichtig?

Die Unterfragen in der Kategorie "Warum?" zielen darauf ab, Gründe und Ereignisse für die bestehende Problematik zu identifizieren. Gleichzeitig werden die Auswirkungen des Problems erfasst, um auch hier Handlungsanweisungen abzuleiten.

Die Frage "Wie?" kann zum Beispiel durch folgende Unterfragen konkretisiert werden:

- Wie fühlen sich die Beteiligten?
- Wie könnte das Problem nützlich sein?

Die Fragen nach dem "Wie" dienen dazu, das Gesamtbild aus den vorangegangenen Fragestellungen sinnvoll zu ergänzen. Darüber hinaus wird mit der Frage nach dem "Wie" versucht, aus der akuten Problemstellung einen Vorteil für das Unternehmen abzuleiten.

Die 6-W-Fragetechnik kann sowohl im Einzel- als auch im Gruppenkontext angewandt werden, um Sachverhalte einzugrenzen und daraus Folgeschritte abzuleiten.

Die Vorteile der Methode liegen in den aus der Fragestellung resultierenden vielfältigen Impulsen, die den Sachverhalt darlegen und die Bearbeitung der Problemstellung fördern. Die Impulse helfen dabei, die Thematik zu betrachten, zu strukturieren und zu analysieren. Darüber hinaus binden sie die Beteiligten aktiv ein und fördern die Kommunikation im Unternehmen. Missverständnissen kann auf diese Weise vorgebeugt werden.

Nachteilig ist bei dieser Methode, dass die Qualität der Ergebnisse stark von der Kompetenz abhängt, sinnvolle und präzise Fragen zu formulieren sowie die gelieferten Antworten problem- und lösungsorientiert zu deuten. Darüber hinaus hängt die Formulierung der aus den Antworten abgeleiteten Maßnahmen von der fachlichen Kompetenz des Teams ab. In der Praxis eignet sich diese Methode daher eher für unbekannte Fragestellungen und Thematiken, da sie bei bereits diskutierten Fragestellungen auf Unverständnis stoßen kann.

Musterbeispiele für systemische Fragen

Das Bewerbungsgespräch

Bewerbungsgespräche stellen einen wesentlichen Bestandteil von Einstellungsvorgängen im Unternehmen dar. Oftmals ist es schwierig, den passenden Bewerber mit den für die Position benötigten Qualifikationen zu finden. Um im Vorfeld des Auswahlprozesses zu selektieren, sollten Führungskräfte die geforderten Anforderungen an geeignete Bewerber festlegen.

Die Auseinandersetzung mit folgenden Fragestellungen kann dabei hilfreich sein:

- Mitarbeiter nur bei Bedarf einstellen
  - ➢ Fragestellung: Ist es für das Unternehmen wichtig, die Stelle zu besetzen?
- Prozess festlegen
  - ➢ Wie soll das Vorstellungsgespräch gestaltet werden?
- Bewertungsverfahren
  - ➢ Mithilfe eines Bewertungsverfahrens können die interviewten Bewerber anhand eines Maßstabs auf der Basis ihrer Qualifikationen für die ausgeschriebene Stelle verglichen und bewertet werden.
- Informieren

- Im Vorfeld eines Bewerbungsgesprächs sollten Führungskräfte darauf gefasst sein, dass Bewerber nach Leistungen und Weiterbildungsmöglichkeiten des Unternehmens fragen. Für diesen Fall sollten Sie gut informiert sein.

Um den Bewerber genauer unter die Lupe zu nehmen, werden im Rahmen von Bewerbungsgesprächen fachliche und überfachliche Fragen gestellt, die der Bewerber beantworten muss. Dass eine grundsätzliche Qualifizierung für die Stelle besteht, wurde bereits im Vorfeld des Bewerbungsgesprächs durch das Auswahlverfahren festgestellt. Das Bewerbungsgespräch soll daher das Ziel verfolgen, die Persönlichkeit des Bewerbers sowie seine Motivation besser zu verstehen und kennenzulernen. Um sich ein möglichst komplexes Bild vom Bewerber zu machen, hilft es, sich an sechs Themenfeldern zu orientieren:

- **Der Job:** Von Interesse ist in dieser Kategorie, ob der Bewerber verstanden hat, worum es in der Stellenausschreibung ging. Darüber hinaus soll herausgefunden werden, warum die Stelle für ihn interessant ist und ob er eine realistische Vorstellung davon hat, was auf ihn zukommt.

Beispielfragen für diese Kategorie sind:

- Warum sind Sie für diese Stelle besonders geeignet?
- Welche Erwartungen haben Sie an den Job?

- **Das Unternehmen:** In dieser Kategorie geht es darum, herauszufinden, ob der Bewerber einen genauen Überblick davon hat, was im Unternehmen und der Branche passiert. Es gilt herauszufinden, ob er die wichtigsten Zahlen, Daten und Fakten kennt und diese auf sein Wissen anwenden kann.

Beispielfragen für diese Kategorie sind:

- ➢ Was ist Ihnen über unser Unternehmen bekannt?
- ➢ Wie viele Standorte hat unser Unternehmen?
- ➢ Mit welchen Produkten befasst sich unser Unternehmen?
- ➢ Von welchen Entwicklungen gehen Sie für unsere Branche in den kommenden Jahren aus?

- **Qualifikation des Bewerbers:** Hinsichtlich der Qualifikation des Bewerbers ist es relevant herauszufinden, was der Bewerber konkret für das eigene Unternehmen leisten kann. Darüber hinaus sollte eruiert werden, welchen Nutzen der Bewerber für das Unternehmen mitbringt (bspw. Zusatzqualifikation, spezifisches Fachwissen …).

Beispielfragen für diese Kategorie sind:

- ➢ Welche Erfahrungen qualifizieren Sie für diese Position?
- ➢ Wie treten Sie Herausforderungen gegenüber?
- ➢ Welche Herausforderungen haben Sie im Rahmen früherer Anstellungen bereits gemeistert?
- ➢ Wie haben Sie Ihren letzten Job verändert?
- ➢ Welche spezifischen Qualifikationen liefern einen Mehrwert für das Unternehmen bei Ihrer Einstellung?

- **Motivation des Bewerbers:** In dieser Kategorie geht es darum zu ergründen, welche Arbeitseinstellung der Bewerber teilt. Darüber hinaus sollte herausgefunden werden, welche Ziele der Bewerber hinsichtlich seiner persönlichen und beruflichen Entwicklung verfolgt.

Beispielfragen für diese Kategorie sind:

- Wie beschreiben Sie den idealen Arbeitgeber?
- Wie beschreiben Sie den idealen Job?
- Was hat Ihnen an Ihrer vorherigen Stelle am besten gefallen?
- Was mochten Sie an Ihrer vorherigen Stelle gar nicht?
- Wo sehen Sie sich in drei Jahren?

- **Soft Skills und Persönlichkeit:** Im Rahmen dieses Themenfeldes soll erörtert werden, ob der Bewerber fähig ist, sich in ein bestehendes Team zu integrieren. Darüber hinaus sollte herausgearbeitet werden, ob er andere begeistern kann und Regeln und Strukturen einhält. Eine zentrale Fragestellung ist in diesem Zusammenhang auch die Frage, wie er sich in Hierarchien bewegt.

Beispielfragen in dieser Kategorie sind:

- Wie gehen Sie mit abweichenden Meinungen um?
- Wie gehen Sie mit Konflikten um?
- Beschreiben Sie einen Konflikt aus dem vorherigen Arbeitskontext und wie Sie dazu beigetragen haben, ihn zu lösen.

- **Umgang mit Kritik und Veränderung:** In dieser Kategorie ist es entscheidend, herauszufinden, wie souverän und gefestigt der Bewerber in Krisensituationen reagiert. Das Verhalten im Umgang mit Veränderungen und Kritik sollte vor diesem Hintergrund genauer betrachtet werden.

Beispielfragen in dieser Kategorie sind:

- Wie hat sich Ihr Arbeitsfeld in den letzten Jahren verändert?
- Beschreiben Sie eine Situation aus Ihrem vorherigen Arbeitsverhältnis, bei dem Sie einen Rückschlag erlitten haben. Wie sind Sie damit umgegangen?

Bei der Verwendung der geeigneten Fragetechnik im Rahmen von Vorstellungsgesprächen ist es entscheidend, zwischen den unterschiedlichen Frageformen zu differenzieren. Welche Frageart zum Einsatz kommt, hängt dabei davon ab, welche Art von Antwort mit der Frage erzielt werden soll. Die Fragekategorie sollte dabei immer passend zur Fragestellung gewählt werden, damit der Bewerber in seinem Antwortverhalten nicht zu knapp antwortet oder vom Thema abweicht. Sinnvoll ist es in diesem Kontext, verschiedene Fragetechniken miteinander zu kombinieren, um möglichst viele Informationen zu erhalten.

Fragen/Aufforderungen, die daher in keinem Bewerbungsgespräch fehlen sollten, sind:

- **Können Sie uns etwas zu Ihrer Person erzählen?**

  Auch wenn diese Frage zunächst uninteressant erscheint, da Personaler bereits einen Einblick in den bestehenden Lebenslauf erhalten haben, ist sie nicht unwichtig. Hier kann der Fragesteller erkennen, ob der Bewerber sich klar, deutlich und prägnant ausdrücken kann, ohne zu sehr auszuholen.

  Die Aufgabe der Führungskraft besteht in diesem Kontext darin, das Gesagte mit dem Lebenslauf abzugleichen und bei Abweichungen nachzufragen.

- **Beschreiben Sie Ihren beruflichen Erfolg allgemein verständlich.**

Auch diese Aufgabenstellung zielt darauf ab herauszufinden, ob komplexe Zusammenhänge des eigenen Fachgebiets allgemein verständlich präsentiert werden können, sodass auch Laien ein Verständnis des Sachverhaltes erlangen.

Die Führungskraft ist dabei angehalten zu überprüfen, ob es dem Bewerber gelingt, auch ohne Fachsprache verständlich zu erklären, worum es in seinem Fachbereich geht.

- **Sie waren in der letzten Zeit arbeitslos. Gibt es Gründe, warum Sie Ihren Job gekündigt haben? Was haben Sie in der Zwischenzeit gemacht?**

  Bei dieser Frage ist es wichtig, sie nicht zu sehr in den Fokus zu rücken, da sie sonst schnell, wie eine Anschuldigung wirken kann. Bedacht werden sollte in diesem Zusammenhang immer, dass auch qualifizierte und engagierte Arbeitskräfte unverschuldet in eine Arbeitslosigkeit geraten können. Die Frage sollte daher völlig wertungsfrei und unvoreingenommen gestellt werden und dies auch dem Bewerber signalisieren.

  Die Aufgabe der Führungskraft ist es in diesem Zusammenhang, zu beobachten, ob der Bewerber in der Lage ist, seine Lücken im Lebenslauf plausibel zu erläutern und aufzuzeigen, dass er die Zwischenzeit sinnvoll genutzt hat (bspw. Weiterbildungen).

Vom systemischen Standpunkt aus betrachtet eignen sich für Bewerbungsgespräche sowohl geschlossene als auch offene Fragen. Vor allem, um den Eindruck eines Verhörs zu verhindern, sollte zwischen den verschiedenen Fragekategorien abgewechselt werden. Darüber hinaus erscheint für die Informationsbeschaffung der Einsatz von hypothetischen Fragen sinnvoll. Sie sind deshalb nützlich, weil sie mögliche Situationen beschreiben, die im Rahmen des Arbeitsverhältnisses tatsächlich eintreten können. Anhand der Antwort des Bewerbers können spezifische Persönlichkeitsmerkmale (bspw. Umgang mit Stress, Umgang mit Kollegen, Umgang mit Vorgesetzten, Umgang mit Kritik, Flexibilität, Lösungsbereitschaft ...) abgeleitet und vor dem Hintergrund des zuvor festgelegten Bewertungsschemas auf die Qualifikation für die Position hin ausgewertet werden.

Verhandlungen mit Kunden

Auch wenn Kundengespräche durch zunehmende Digitalisierungsprozesse etwas in den Hintergrund geraten können, sind sie dennoch weiterhin ein wichtiger Bestandteil des wirtschaftlichen Erfolgs von Unternehmen. Die Kommunikation und die dabei angewendeten Techniken entscheiden über den Erfolg und Misserfolg der Verhandlungen mit Kunden. Um die zuvor im Unternehmen festgelegten Ziele zu erreichen, sollten Führungskräfte daher die Techniken einer gezielten Gesprächsführung beherrschen. Dabei kann die Anwendung systemischer Fragetechniken den Vertriebserfolg maßgeblich steigern.

Eine gute Führungskraft stellt dem Kunden im Rahmen der Verhandlungen in allen Phasen des Gesprächs Fragen, um zu einer Entscheidung zu gelangen. Dies signalisiert dem Kunden im Rahmen der Verhandlungen ernsthaftes Interesse an einer Zusammenarbeit und liefert wichtige Informationen über den Kunden. Mithilfe von offenen Fragen können Informationen über den Kunden beschafft werden, die Auskunft darüber geben, was ihm bei einer Zusammenarbeit wichtig ist. Beispielfragen sind in diesem Zusammenhang:

- Was erwarten Sie sich von einer Zusammenarbeit?

- Welche Ziele verfolgen Sie darüber hinaus?
- Was erwarten Sie von einer guten Beratung?
- Wie gestaltet sich für Sie eine partnerschaftliche Zusammenarbeit?
- Worauf legen Sie Wert?
- Wie wirkt … auf Sie?
- Was halten Sie als … davon, dass …?
- Wie stellen Sie sich eine Zusammenarbeit konkret vor?

Solche Fragen lenken die Aufmerksamkeit des Kunden im Rahmen der Verhandlungen auf die Ziele, die er persönlich bei einer Kooperation im Auge hat. Sie sollen Klarheit verschaffen und Bedenken ausräumen.

Um im weiteren Gesprächsverlauf den Kundenwünschen auf der Spur zu bleiben, empfiehlt sich die Verwendung von Bestätigungsfragen, welche die gesammelten Erkenntnisse absichern und überprüfen, ob der Kunde richtig verstanden wurde. Hierzu empfiehlt es sich, die Aussagen des Kunden erneut zusammenzufassen und durch gezielte Fragekonstruktionen auf ihre Relevanz zu überprüfen. Beispielfragen sind in diesem Zusammenhang:

- Wenn ich Sie richtig verstanden haben, stellen Sie sich eine Zusammenarbeit derart vor, dass …?
- … Trifft das so zu?
- Sie legen großen Wert auf Qualität, habe ich das richtig verstanden?
- Gibt es außerdem noch etwas, was Ihnen wichtig ist?
- Entspricht meine Beschreibung Ihren Vorstellungen?

- Sagen Ihnen meine Vorschläge zu?
- Sehen Sie das auch so?
- Sie wünschen sich also eine zeitnahe Umsetzung. Ist das richtig?
- Haben Sie sich das ebenso vorgestellt?
- Habe ich Sie richtig verstanden, wenn ich sage, dass …?

Bestätigungsfragen sind dabei immer so formuliert, dass sie mit Ja oder Nein beantwortet werden können. Sie dienen dazu, Missverständnisse auszuräumen, und zeigen dem Kunden, dass er in seinen Wünschen und Anforderungen gehört wurde.

Sofern der Kunde seine Verhandlungsbereitschaft signalisiert, können Alternativfragen eingesetzt werden, um Teilentscheidungen herbeizuführen und damit den Entscheidungsprozess zu beschleunigen. Beispielfragen sind in diesem Kontext:

- Entspricht eher A oder B Ihren Vorstellungen?
- Sagt Ihnen eher Vorgehensweise A oder Vorgehensweise B zu?
- Sollen wir uns bei der Problemlösung eher auf A oder auf B fokussieren?

Bei dieser Frageform geht es darum, dem Kunden im Rahmen der Verhandlungen die Wahl zwischen zwei Möglichkeiten zu geben. Sie bereiten die Zustimmung zu den Verhandlungen vor, die geführt werden sollen. Wichtig ist, im Rahmen des Frageprozesses nicht zu viele Alternativen zur Auswahl zu stellen, um den Kunden nicht zu überfordern.

Wurden die meisten Teilentscheidungen bereits getroffen, muss der Verhandlungsabschluss noch gesichert werden. Auch hierzu empfiehlt sich die Verwendung der systemischen Fragetechnik. In der Abschlussphase ist es wichtig, Fragen so zu stellen, dass sie den Kunden nicht mehr verunsichern. Hierzu empfiehlt es sich bei der Formulierung auf den Konjunktiv zurückzugreifen. Darüber hinaus sollten im Schwerpunkt geschlossene Fragen verwendet werden, sodass der Kunde mit Ja oder Nein antworten muss. Um Verhandlungen in der Abschlussphase abzuschließen, können daher folgende Fragen gestellt werden:

- Entspräche das Ihren Vorstellungen?
- Wären Sie mit dieser Entscheidung zufrieden?
- Bis wann sollen die Änderungen vorgenommen werden?
- Welche weiteren Angaben wünschen Sie im Kooperationsvertrag?
- Sind Sie mit der Ausgestaltung der vertraglichen Bedingungen einer Zusammenarbeit zufrieden?
- Wären Sie damit einverstanden?
- Gefiele Ihnen unser Angebot?
- Sie wollen doch sicherlich auch …?
- Es ist Ihnen doch auch wichtig, dass …?
- Sind Sie mit unserem Angebot einverstanden?

Für wenig entscheidungsfreudige Kunden können zusätzlich zirkuläre Fragen gestellt werden, die den Kunden dazu bewegen sollen, einen anderen Blickwinkel einzunehmen, um den Sachverhalt neu zu bewerten. Beispielfragen könnten in diesem Zusammenhang sein:

- Was würde Ihre Frau zu diesem Angebot sagen?

- Was würden Sie einem Freund in Bezug auf dieses Angebot raten?
- Was würde Ihr Steuerberater Ihnen raten?

Bei der Formulierung der Fragen in der Schlussphase sollen Fragen so formuliert werden, dass sie eine Zustimmung des Kunden voraussetzen. Die Entscheidung, den Verhandlungen zum Sachverhalt zuzustimmen, ergibt sich dann sozusagen als logische Konsequenz aus einer Kette getroffener Teilentscheidungen.

Im Rahmen eines Verkaufsgesprächs sind Fragen daher das wichtigste Instrument. Sie fördern den Dialog und verhindern einen einseitigen Vortrag. Darüber hinaus schaffen sie eine angenehme Gesprächsatmosphäre und ermöglichen es, auf die Wünsche und Anregungen des Kunden einzugehen, was den Kunden in seiner Entscheidung, einer Verhandlung zuzustimmen, antreiben kann.

Komplexe Projekte und Lösungen

Im Rahmen komplizierter Arbeitsabläufe treten immer wieder Herausforderungen auf, die sich mit standardisierten Handlungs- und Denkmustern nicht lösen lassen. Häufig kommt es in Ermangelung von Unterstützung in diesem Kontext zu Interessenskonflikten und einem unklaren Rollenverständnis. Mithilfe systemischer Fragetechniken können die an dieser Stelle entstandenen Problematiken genauer analysiert und mögliche Lösungsansätze gefunden werden. Durch gezieltes Fragen werden neue Sichtweisen generiert, die konkrete Handlungsoptionen aufzeigen. Strategische Unternehmensentscheidungen können auf diesem Weg gesichert werden. Um problemlösendes Denken bei Mitarbeitern zu fördern, kann die Führungskraft durch einen gezielten Einsatz systemischer Fragetechniken die Lösungsfindung unterstützen. Mögliche Frageformulierungen und grundsätzliche Tipps können in diesem Zusammenhang sein:

- **Wie würden Sie das Problem methodisch lösen?**

  Nach Formulierung dieser Frage kann der Mitarbeiter aufgefordert werden, über drei mögliche Lösungswege nachzudenken, die er zu einem gemeinsam vereinbarten Zeitpunkt erneut mit der Führungskraft diskutiert.

- **Warum können Sie das Problem nicht allein lösen? Was fehlt Ihnen zur Problemlösung?**

  Grundsätzlich ist bei diesen Fragestellungen zu klären, ob der Mitarbeiter Problemlösungstechniken kennt und ob er darüber hinaus die Problemstellung verstanden hat. Führungskräfte sollten in diesem Kontext erörtern, welche Faktoren die Problemlösung blockieren, um dann die entsprechende Hilfestellung geben zu können.

- Fordern Sie den Mitarbeiter auf, das Problem eigenständig zu lösen und sich bei aufkommenden Fragen erneut an Sie zu wenden.

  Diese Aufforderung setzt voraus, dass die Führungskraft die individuellen Kompetenzen des Mitarbeiters kennt und einschätzen kann.

Darüber hinaus können Führungskräfte zur Problemlösung zirkuläre Fragen stellen. Sie dienen dazu, alternative Lösungsansätze ausfindig zu machen und mehr Informationen zu einer Problemstellung zu erhalten. Daneben können mögliche Szenarien durchgespielt und Hintergründe aufgedeckt werden. Zirkuläre Fragen können beispielsweise wie folgt formuliert werden:

- Wie würde Ihre Kollegin das Problem lösen?

- Was würden Sie an meiner Stelle tun?
- Welche Nachteile sind damit für das Unternehmen verbunden?
- Welche Risiken birgt Ihr Lösungsvorschlag?
- Welche Vorteile hat dieser Lösungsansatz?

Darüber hinaus empfiehlt sich die Formulierung offener Fragestellungen, um gezielte Informationen, die das Problem betreffen, herauszuarbeiten. Beispiele für offene Fragen sind in diesem Zusammenhang:

- Mir ist Ihre persönliche Meinung sehr wichtig, daher würde mich interessieren, ...?
- Ich würde die Situation gerne noch aus einer anderen Perspektive beleuchten. Was halten Sie daher davon, dass ...?
- Um der Sache genauer auf den Grund zu gehen, sollten wir uns unbedingt folgende Fragen genauer anschauen: ...
- Wenn wir nun davon ausgehen, dass ..., sollten wir uns unbedingt noch einmal anschauen, wie die unternehmerischen Erfolge bisher erzielt werden konnten. Hierzu würde mich die Meinung von Herrn Schmitt, dessen Fachgebiet die Thematik ist, noch interessieren. Wie sehen Sie das?

Systemische Fragen decken im Kontext komplexer Problemstellungen Faktoren auf, die sich hinter dem vordergründigen Problem verbergen. Sie sorgen für eine allumfassende Darstellung der Problematik vor dem Hintergrund eines umfassenden Systems. Ziel ist es dabei, das Gegenüber dazu zu bewegen, sich von fest verankerten Sichtweisen zu lösen und einen Perspektivenwechsel vorzunehmen. Darüber hinaus soll der

Befragte durch den Prozess erkennen, dass sich das Problemfeld aus unterschiedlichen Elementen zusammensetzt, die nicht unabhängig voneinander betrachtet werden können.

Feedbackgespräche

Feedbackgespräche sind ein unerlässliches Instrument, die den Erfolg eines Unternehmens dokumentieren. In den meisten Unternehmen der modernen Arbeitswelt haben sie sich bereits etabliert und finden in regelmäßigen Abständen statt. Feedbackgespräche werden in Unternehmen dazu eingesetzt, sowohl die fachliche als auch die menschliche Arbeitssituation zwischen Vorgesetzten einerseits und Mitarbeitern andererseits zu verstehen. Mitarbeiter erhalten in diesem Kontext eine konkrete Rückmeldung zu ihrer Arbeitsleistung und ihrem Verhalten innerhalb des Unternehmens. Der Rahmen bietet Platz für Lob und Kritik sowie für die Besprechung vergangener und zukünftiger Ziele. Mitarbeitern bietet dieser Kontext die Möglichkeit, ihre Rolle im Unternehmen zu reflektieren und entsprechend die jeweilige Zielerreichung zu überprüfen. Auch Weiterbildungswünsche und neue Ideen können in diesem Kontext geäußert werden.

Führungskräfte haben in diesem Rahmen die Möglichkeit, eigene Arbeitsprozesse zu reflektieren und diese anhand der Anregungen durch die Mitarbeitenden zu optimieren. Das kann ebenso die Anpassung von Arbeitsbedingungen umfassen.

Feedbackgespräche dienen der Mitarbeiterbeurteilung, dem Aussprechen von Lob und Anerkennung bei besonderen Leistungen, dem Anbringen konstruktiver Kritik, der Besprechung von Unklarheiten und Fragen, dem Offenlegen von Problemen und Konflikten, dem Abgleich von Zielvorgaben, der Vereinbarung neuer Ziele, der Besprechung beruflicher Weiterentwicklungsmöglichkeiten (bspw. Weiterbildungen) sowie der Vereinbarung neuer Aufgaben- und Verantwortungsbereiche innerhalb des Unternehmens. Sie finden in regelmäßigen Abständen statt, um das Vertrauen zwischen Führungskraft und Mitarbeiter aufrechtzuerhalten.

Gutes Feedback ist zur Übernahme von Führungsverantwortung im Rahmen moderner Unternehmensführung daher unerlässlich. Um dem Mitarbeiter im Feedbackgespräch auch wirklich einen konstruktiven Mehrwert zu bieten, sind jedoch einige Dinge zu berücksichtigen.

Wichtig ist, das Feedbackgespräch auf Augenhöhe zu führen und dem Mitarbeiter Vertrauen entgegenzubringen. Darüber hinaus sollten sowohl vonseiten des Mitarbeiters als auch vonseiten der Führungskraft vor Gesprächsbeginn klare Ziele formuliert werden, in welche Richtung sich das Gespräch entwickeln soll. Wünsche sollten in Form von Ich-Botschaften formuliert werden und keine Schuldzuweisungen enthalten. Verallgemeinerungen, die Formulierungen wie "schon wieder", "immer" oder Ähnliches enthalten, sollten unterlassen werden. Bei der Anbringung von Lob und Kritik sollte außerdem ein gesundes Gleichgewicht erkennbar sein. Mit Blick auf konkrete Verbesserungsvorschläge sollten "Wir-Formulierungen" verwendet werden, um eine gewisse Vertrautheit zu signalisieren.

Inwieweit Führungskräfte in diesem Kontext nützliche Informationen erhalten, hängt dabei sehr stark von den systemischen Fragen ab, die hier angewendet werden. Mögliche Beispielfragen für ein Feedbackgespräch im systemischen Kontext sind:

- Gibt es (aktuelle) Probleme oder Schwierigkeiten, die aus Ihrer Sicht zeitnah gelöst werden müssen?
- Was läuft in unserem Unternehmen aus Ihrer Sicht gut?

- Was läuft aus Ihrer Sicht in unserem Unternehmen schlecht?
- Was muss konkret verbessert werden?
- Womit sind Sie besonders zufrieden?
- Sehen Sie noch Optimierungspotenzial? Haben Sie hierzu konkrete Vorschläge?
- Wo brauchen Sie noch Unterstützung?
- Wie muss eine Unterstützung konkret aussehen?
- Was wünschen Sie sich für Ihren Arbeitskontext?
- Wo sehen Sie Gründe, warum ein konkretes Projekt/Ziel nicht erreicht wurde?
- Kann die Zusammenarbeit in Ihrem Team weiter verbessert werden? Wenn ja: Haben Sie konkrete Vorschläge, was zu tun ist?
- Wo gibt es Schwierigkeiten im Team?
- Sehen Sie Informationsbedarf? Welche Informationen fehlen Ihnen?
- Kann die unternehmensinterne Kommunikation noch verbessert werden?
- Wünschen Sie sich konkrete persönliche Entwicklungsmöglichkeiten innerhalb unseres Unternehmens? Wie könnte ich Sie dabei unterstützen?
- Wo sehen Sie sich in unserem Unternehmen in den nächsten Jahren?
- Wie zufrieden sind Sie mit Ihrer Position im Unternehmen?
- Wie zufrieden sind Sie mit Ihrer Tätigkeit in unserem Unternehmen?

- Was kann Ihre Zufriedenheit im Unternehmen steigern?
- Haben Sie konkrete Wünsche im Hinblick auf Weiterbildungsmöglichkeiten?
- Wie können Sie die konkreten Weiterbildungswünsche zielführend in Ihrer Position bestärken? Welche Veränderungen würden sich dadurch für Sie ergeben?
- Fehlt Ihnen Arbeitsmaterial, um Ihre Arbeitsergebnisse zu verbessern?
- Wo sehen Sie Ihre Stärken? Welche Tätigkeit liegt Ihnen besonders?
- Wie können Sie Ihre Stärken noch besser einbringen?
- Funktionieren die Vertretungsregelungen in Ihrer Abwesenheit (bspw. Urlaub, Krankheit ...)?
- Gibt es Aufgabengebiete, die Sie im Unternehmen übernehmen können?

Feedbackgespräche leiden häufig unter typischen Fehlerquellen:

- **Unklarheit:** Problematisch bei Feedbackgesprächen ist häufig die Tatsache, dass die Beteiligten aufgrund fehlenden Wissens um den Grund des Gesprächs unsicher sind, was sie erwartet. Die Offenheit, die für einen regen Austausch und eine Weiterentwicklung in diesem Kontext nötig ist, wird auf diese Weise verhindert.
- **Mangelnde Struktur:** Feedbackgespräche haben keinen festen Ablauf und sind in ihrer Entwicklung meist recht offen gestaltet. Die einzige Vorgabe der Struktur ist die sogenannte Sandwichstruktur. Der Mitarbeiter soll mithilfe der Sandwichstruktur zunächst gelobt und dann kritisiert werden. Der Abschluss des Gesprächs soll dann wieder

positiv gestaltet werden. Da diese Struktur mittlerweile aber bekannt ist, sind Mitarbeiter während des Lobs häufig in Habachtstellung, weil sie sich fragen, welche Kritik die Führungskraft äußern könnte. Da sie gedanklich in diesem Moment nicht mehr offen und bei der Sache sind, wird die Gesprächsstruktur hierdurch behindert.

- **Fehlende Vorbereitung:** Feedbackgesprächen wird häufig wenig Bedeutung beigemessen, sowohl vonseiten des Mitarbeiters als auch vonseiten der Führungskräfte. Sie werden daher oftmals unzureichend vorbereitet und gestalten sich eher unproduktiv.
- **Kritikverständnis:** Führungskräfte setzen Feedback häufig mit Kritik gleich. Sie orientieren sich stark an Defiziten und Fehlern und vergessen dabei häufig, auch die Kompetenzen des Mitarbeiters anzusprechen und gemeinsam mit ihm über die Weiterentwicklung der Kompetenzen nachzudenken.

Der Zweck von Feedbackgesprächen liegt in der Entwicklung und Förderung des Mitarbeiters, aber auch in der Weiterentwicklung der Führungskompetenz der jeweiligen Führungskraft. Bei richtigem Einsatz können Feedbackgespräche sehr wirkungsvoll für die Erfolgskontrolle, die Verbesserung der Zusammenarbeit, die Mitarbeitermotivation sowie für die persönliche Entwicklung sein.

Konfliktgespräche (dicke Luft im Büro!)

Im Alltag treffen unterschiedliche Personen und Generationen aufeinander. Konflikte sind in diesem Kontext kaum vermeidbar. Führungskräften kommt in diesem Kontext die Aufgabe zu, zusammen mit allen Beteiligten Lösungswege aufzuzeigen, bevor ein Konflikt eskaliert. Ungelöste Konflikte beeinträchtigen auf

Dauer das Betriebsklima und stören Unternehmensabläufe sowie die Bearbeitung von Arbeitsaufgaben. Gründe für Konflikte können sein:

- **Unterschiedlichkeit der Charaktere:** Aufgrund der Unterschiedlichkeit ihrer Charaktere und Persönlichkeiten kommen manche Menschen nicht miteinander klar, weil sie unterschiedlich gepolt sind. Während einige Menschen arbeitsbedingte Anforderungen und Regeln äußerst genau nehmen, räumen sich andere auch gerne mal etwas mehr Freiheiten ein und sind eher chaotisch. Das Verständnis füreinander fehlt oft, da nur die Andersartigkeit gesehen wird.
- **individuelle Leistungsbereitschaft:** Die individuelle Leistungsbereitschaft von Mitarbeitenden kann sich stark unterscheiden; insbesondere dann, wenn die Leistung einzelner Mitarbeiter das Team aufhält, kann dies zu Unzufriedenheit und Missmut im Team führen.
- **bestimmte Verhaltensweisen:** Jeder Mensch hat bestimmte Eigenarten. Im beruflichen Kontext kann das vor allem dann zu Problemen führen, wenn diese Eigenarten bei anderen Menschen negative Gefühle auslösen. In der Konsequenz kann dies auch zu einer Missdeutung eines bestimmten Verhaltens führen.
- **Schnittstellenprobleme:** Wenn Zuständigkeiten innerhalb eines Unternehmens nicht klar definiert sind, führt das zwischen Mitarbeitern häufig zu Konflikten.
- **Rang- und Rollenkonflikte:** Rang- und Rollenkonflikte finden sich vornehmlich da, wo unterschiedliche Generationen aufeinandertreffen. Ältere Generationen vertreten häufig die Auffassung, dass ihnen aufgrund ihres Alters und der damit verbundenen Firmenzugehörigkeit

eine höhere Wertschätzung gebührt. Junge Mitarbeiter fühlen sich gegenüber älteren Mitarbeitern oftmals besser qualifiziert und kompetenter in Bezug auf die Ausführung bestimmter Arbeitsaufgaben.

- **betriebliche Vorkommnisse:** Wenn Konflikte zwischen Mitarbeitern ohne Klärung "verschleppt" werden, wirken diese sich langfristig auf das Betriebsklima aus.
- **Veränderungen in der Teamzusammensetzung:** Immer dann, wenn ein Team neue Mitarbeiter erhält, läuft es Gefahr, in neue Konflikte zu geraten, und zwar hauptsächlich dann, wenn das neue Mitglied bestehende Arbeitszusammenhänge aus neutraler Sicht kritisiert.

Ebendiese Konflikte zeigen auf, wo Veränderungsbedarf besteht und wo etwas verbessert werden muss. Im offenen Umgang mit dem Konflikt können effektive Lösungen gefunden werden, die auf Dauer Verbesserungen für alle Beteiligten schaffen.

Konfliktgespräche sollten in ihrer Ausgestaltung daher immer möglichst zeitnah geführt werden. Der Ablauf eines Konfliktgesprächs kann dabei wie folgt aussehen:

- **Ort auswählen:** Als Ort für die Austragung des Konflikts sollte möglichst ein neutraler Ort gewählt werden, an dem sich alle wohlfühlen.
- **Zeitpunkt auswählen:** Grundsätzlich gilt, das Gespräch zeitnah anzusetzen. Stehen die Beteiligten jedoch gerade unter Termindruck, sollte das Konfliktgespräch verschoben werden, um eine möglichst entspannte Gesprächsatmosphäre zu schaffen, sodass die Beteiligten keine Deadlines im Nacken sitzen haben.
- **Beteiligte einladen:** Bei der Einladung der Beteiligten zum Gespräch sollte der Grund für das Gespräch klar und

deutlich benannt werden, damit alle Parteien die Möglichkeit haben, das Gespräch vorzubereiten.

- **Zieldefinition vor Gesprächsbeginn:** Vor Beginn des Gesprächs sollten Sie sich überlegen, welche Ziele Sie mit dem Gespräch verfolgen und wie eine Ideallösung aussehen könnte.
- **Regeln für den Gesprächsverlauf festlegen:** Für den Gesprächsverlauf sollten zur Wahrung des Respekts die klassischen Gesprächsregeln gelten. Hierauf sollten die Beteiligten vor Gesprächsbeginn hingewiesen werden.
- **Gesprächsstrategien planen:** Da die Konfliktsituation beseitigt werden soll, muss es das Ziel sein, im Vorfeld mithilfe eines Gesprächsleitfadens für einen strukturierten und systematischen Verlauf zu sorgen.

Für den Gesprächsbeginn können unter systemischen Gesichtspunkten folgende Fragestellungen hilfreich sein:

- Was ist das Problem?
- Worin liegt das Problem begründet?
- Wie wirkt sich der Konflikt auf die Beteiligten aus?
- Welche Konsequenzen ergeben sich daraus?
- Welche Gefühle löst das Problem in den Beteiligten aus?
- Welche Sichtweisen vertritt Ihr Gesprächspartner?
- Wie wird die Situation von anderen Beteiligten wahrgenommen?

Für die Identifizierung möglicher Konfliktursachen können folgende Fragen gestellt werden:

- Worin liegt der Konflikt begründet?

- Worauf lässt sich der Konflikt zurückführen?
- Wie lange hält der Konflikt an?

Zur Erörterung möglicher Lösungsansätze empfehlen sich folgende Fragestellungen:

- Was müsste passieren, dass sich das Problem löst?
- Wie kann ein Kompromiss zur Lösung des Problems aussehen?
- Wie können Sie zukünftig mit solchen Konflikten umgehen?
- Wie können diese Konflikte gänzlich vermieden werden?

Im Rahmen des Gesprächs sollte die Führungskraft aktives Zuhören signalisieren und die Situation der Beteiligten ernst nehmen. Um sicher zu sein, dass das Gesagte von allen Beteiligten verstanden und korrekt interpretiert wurde, empfiehlt es sich, als Vermittler aufzutreten und durch zusammenfassende Fragen zu interagieren. Beispielfragen können dabei wie folgt aussehen:

- Wenn ich Sie richtig verstanden habe, dann wollen Sie damit sagen, dass …?
- Darf ich zusammenfassen, dass Sie …?
- Darf ich das zusammenfassend so verstehen, dass …?
- Habe ich Sie richtig verstanden, wenn Sie sagen, dass …?
- Verstehe ich das richtig, dass …?

Auf diese Weise hat der Gesprächspartner die Möglichkeit, seinen Erläuterungen Details hinzuzufügen und Missverständnisse auszuräumen. Bei Unklarheiten können Sie als Führungskraft mit folgenden Fragen für Verständnis sorgen:

- Was meinen Sie, wenn Sie sagen, dass …?

- Was genau meinen Sie mit …?
- Können Sie XY genauer erläutern?

Verständnisfragen helfen dabei, den Gesprächsverlauf auf Fakten anstatt auf Annahmen aufzubauen, und sorgen gleichzeitig dafür, dass sich alle Beteiligten über das Gesagte im Klaren sind.

Wenn Streitgespräche besonders festgefahren sind, können hypothetische Fragen die Situation auflösen. Sie eröffnen neue Horizonte und machen den Weg frei für eine neue Blickrichtung. Das eigentliche Konfliktgespräch kann auf diese Weise auf einer völlig wertfreien Ebene fortgesetzt werden. Hilfreiche Fragestellungen sind hierbei beispielsweise:

- Was wäre, wenn …?
- Wie könnte die Ideallösung aussehen?
- Was müsste passieren, damit sich das Problem löst?
- Was könnte unternommen werden, damit dieses Problem nicht erneut entsteht?

Da Konflikte für Führungskräfte Stolperfallen bereithalten können, sollten folgende Punkte berücksichtigt werden: Bevor an einer gemeinsamen Lösung gearbeitet werden kann, muss der Konflikt aus unterschiedlichen Sichtweisen betrachtet werden. Um den Konflikt nicht ausarten zu lassen, sollten Emotionen in Ich-Botschaften verpackt werden, um Anschuldigungen und Vorwürfe im Rahmen des Konfliktgesprächs zu vermeiden. Darüber hinaus sollte auf einen Schlagabtausch der Konfliktparteien verzichtet werden. Die Sichtweisen der Parteien sollten akzeptiert werden und es sollte gemeinsam zur Lösung des Problems beigetragen werden. Statt zu pauschalisieren und damit das Gegenüber anzugreifen, empfiehlt es sich, auf konkrete Situationen einzugehen und die damit verbundenen individuellen Bedürfnisse zu schildern sowie das konkrete Fehlverhalten des Gegenübers in dieser Situation zu erläutern.

Führungskräfte sollten sich im Kontext von Konfliktsituationen nicht dazu hinreißen lassen, aus ihrer Rolle als Moderator herauszufallen und Partei für einen der Beteiligten zu ergreifen. Sie sollten sich neutral verhalten und an Fakten orientieren. Auch wenn es eine innerliche Tendenz für eine Partei gibt, sollten sie Verständnis für alle Konfliktparteien signalisieren und sich auf die Lösungsfindung konzentrieren.

Am Ende des Gesprächsverlaufs sollte der Anlass des Konflikts sichtbar gemacht und eine konkrete Lösung für das Problem gefunden werden.

Jeder Konflikt, der nicht im Team (zusammen mit der Führungskraft) gelöst wird, breitet sich wie ein Schwelbrand aus und wird sich auf Dauer verstärken. Er frisst Ressourcen, und das wiederum gefährdet konstruktive Arbeitsmechanismen sowie die Zufriedenheit und Kooperation im Teamkontext. Folgen können ein erhöhtes Krankheitsaufkommen, schlechtere Betriebsergebnisse, sinkende Mitarbeiterzufriedenheit sowie ein erhöhtes Fluktuationsverhalten sein. Die Aufgabe der Führungskraft ist es daher, Konflikte im Team anzugehen, Problemstellungen zu identifizieren und hierfür zusammen mit allen Beteiligten Lösungen zu finden.

Kritikgespräche (Fehler ansprechen und Kritik äußern)

Führungskräfte sind im beruflichen Alltag häufiger gezwungen, Kritik am Mitarbeiter zu üben. Da niemand gerne Kritik hört, zählt diese Aufgabe eher zu den unangenehmen Zuständigkeitsbereichen einer Führungskraft. Viele Führungskräfte tun sich schwer damit, Mitarbeitern konstruktives, faires, negatives Feedback zu geben, insbesondere deshalb, weil Mitarbeiter nicht selten mit Abwehr, unangebrachten emotionalen Reaktionen oder Unverständnis darauf reagieren. Mitarbeiter lassen dabei völlig außer Acht, dass Kritikgespräche, wenn sie von der Führungskraft gut vorbereitet und professionell durchgeführt werden, großes Entwicklungspotenzial bieten. Sie bieten die Möglichkeit, Leistungen zu verbessern und überholte Verhaltensweisen sowie Denk- und Handlungsmuster an die veränderte Arbeitssituation anzupassen.

Das Kritikgespräch wird in diesem Kontext als Instrument verstanden, welches Mitarbeiter zu einer Verhaltensänderung bewegen und wiederholte Fehlerstrukturen verhindern soll.

Ziel des Kritikgesprächs ist es, mittels einer sachlichen und konstruktiven Schilderung der Problematik die Betroffenen zur Einsicht zu bringen, ohne dabei deren Grundmotivation zu zerstören. Inhaltlich sollte das Kritikgespräch so verpackt sein, dass dieses vonseiten des Mitarbeiters als Austausch auf Augenhöhe im Sinne einer Hilfestellung und Unterstützung verstanden wird. Der Mitarbeiter soll in diesem Rahmen die Chance erhalten, sein Verhalten anzupassen, aus Fehlern zu lernen und sich weiterzuentwickeln.

Ein Kritikgespräch sollte dann in Erwägung gezogen werden,

- wenn ein Mitarbeiter sich wiederholt negativ verhält;
- wenn ein massives Fehlverhalten zu beanstanden ist;
- wenn ein erhebliches Leistungsproblem vorliegt.

Damit ein Kritikgespräch professionell verlaufen kann, sollte es im Vorfeld gut vorbereitet werden. Die konkrete Vorbereitung basiert dabei auf drei Säulen:

- **organisatorische Vorbereitung:**

- Raum
- Setting
- Zeitplan

Das Kritikgespräch sollte immer ohne Zeitdruck stattfinden. Es erfordert zudem einen festen Termin und sollte in angenehmer Atmosphäre (bspw. in einem neutralen Büro oder bei einem Spaziergang über das Gelände) stattfinden.

- **inhaltliche Vorbereitung:**
  - Anlass
  - Ziele
  - Strategie
- **mentale Vorbereitung:**
  - Reflexion
  - Einstimmung
  - Wirkung

Damit die Vorbereitung gelingt, sollte sich die Führungskraft im Vorfeld folgende Fragen stellen:

- Welcher Kritiktyp bin ich? Welche Stärken und Schwächen leiten sich daraus ab?
- Welches Ziel verfolge ich im Rahmen des Kritikgesprächs auf Basis meiner Vernunft? Zu welchen Einsichten will ich meinen Mitarbeiter bewegen?
- Wie soll sich mein Mitarbeiter fühlen, wenn er den Raum verlässt? Was muss ich tun, um meinen Mitarbeiter zu motivieren, anstatt ihn zu frustrieren?

Im Vorfeld des Krisengesprächs sollten die Fragestellungen und daraus ein Gesprächsleitfaden mit konkreten, vorformulierten Gesprächszielen erstellt werden. Dabei hilft es, nach einem Konzept vorzugehen, um gezielt nach Lösungen zu suchen. Der Ablauf des Gesprächs sollte sich daher wie folgt gestalten:

- **Phase 1 – Begrüßung:** Nachdem Sie Ihren Mitarbeiter herzlich empfangen haben, sollte das Problem ohne große Umwege hergeleitet und möglichst neutral beschrieben werden. Zum besseren Verständnis sollte dabei konkret und klar formuliert beschrieben werden, um welche Angelegenheit und welchen Kritikpunkt es im weiteren Verlauf des Gesprächs gehen wird. Bei der Herleitung des Gesprächsverlaufs sollte auf eine wertschätzende Wortwahl geachtet werden. Hierbei können folgende Sätze hilfreich sein:
    - ➢ Hallo Frau Schmidt. Ich denke, es ist wichtig, dass wir uns heute noch mal Zeit nehmen, um uns über Ihr Verhalten im letzten Teammeeting abzustimmen.
    - ➢ Hallo Herr Meyer. Schön, dass wir einen gemeinsamen Termin gefunden haben. Ich würde mich gerne in diesem Rahmen noch mal mit Ihnen über Ihr Verhalten im Verlauf des Projekts XY abstimmen.
    - ➢ Frau Meyer, ich danke Ihnen, dass Sie meiner Einladung gefolgt sind und sich Zeit für unser gemeinsames Gespräch genommen haben. Darf ich Ihnen etwas zu trinken anbieten? Der Grund für unser heutiges Gespräch ist Ihr Verhalten in unserem letzten Teammeeting. Dazu möchte ich mich mit Ihnen heute nochmals abstimmen.

- ➢ Hallo Frau Müller. Schön, dass Sie heute erschienen sind. Ich habe Sie eingeladen, um mit Ihnen gemeinsam noch mal über den Vorfall mit XY zu sprechen.
- ➢ Hallo Herr Bayer. Es freut mich, dass wir heute hier zusammengekommen sind. Ich habe Sie eingeladen, um mit Ihnen darüber zu sprechen, dass …
- ➢ Mir ist aufgefallen, dass …
- ➢ Ich bin enttäuscht, dass …
- ➢ Wir hatten uns schon vor drei Wochen darauf abgestimmt, dass …
- ➢ Da Sie nun wissen, wie sich die Sache aus meiner Perspektive darstellt, würde mich jetzt interessieren, wie Sie das sehen.

Die Formulierungen machen deutlich, dass es im Verlauf des Gesprächs um ein konstruktives Feedback im Rahmen einer Kritik gehen wird. Es ist jedoch darauf zu achten, dass sich die Formulierungen nicht auf die Wahrnehmung Dritter, sondern auf Fakten beziehen. Das sorgt für eine respektvolle Atmosphäre und bietet dem Mitarbeiter Raum, auch seine Sicht der Dinge zu schildern.

Besonders wichtig ist es in diesem Rahmen, darauf zu achten, dass das Gespräch ausschließlich unter vier Augen stattfindet und der Mitarbeiter nicht vor seinen Teammitgliedern bloßgestellt wird. Auf diese Weise hat auch der Mitarbeiter die Chance, seine Einschätzung der Problematik in einem geschützten Rahmen abzugeben, ohne Angriffe fürchten zu müssen.

- **Phase 2 – Konfrontation des Mitarbeiters mit der Kritik:** In dieser Phase sollen die anfänglich geäußerten

Beschreibungen des Fehlverhaltens weiter ausgeführt und aus Sicht der Führungskraft (aber dennoch neutral und sachlich) geschildert werden. Problemlagen sollten exakt und konkret benannt werden und auch die daraus resultierenden Folgeprobleme sollten dem Mitarbeiter verständlich dargelegt werden. Mögliche Formulierungen zur Einforderung einer Stellungnahme des Mitarbeiters können im Anschluss sein:

- Wo sehen Sie die Beweggründe für Ihr Verhalten?
- Können Sie das nachvollziehen?
- Was waren Ihre Beweggründe?
- Warum haben Sie so gehandelt? Hatten Sie Gründe?

- **Phase 3 – Stellungnahme des Mitarbeiters:** In diesem Kontext sollte der Mitarbeiter die Möglichkeit erhalten, sich umfassend zu dem Sachverhalt zu äußern und Stellung dazu zu beziehen. Hierzu sollte ihm genügend Zeit eingeräumt werden. Wichtig dabei ist es, dass Sie als Führungskraft aufmerksam und aktiv zuhören, um herauszufinden, ob für den Sachverhalt und das Verhalten des Mitarbeiters gute Gründe vorliegen. Während Ihr Mitarbeiter die Sachlage schildert, sollten Sie sich zu bestimmten Sachverhalten Notizen machen, um im Anschluss konkret nachfragen zu können und sicherzustellen, dass der Sachverhalt von Ihnen richtig verstanden wurde. Fragen können beispielsweise wie folgt formuliert werden:

  - Habe ich Sie richtig verstanden, wenn Sie sagen, dass …?
  - Sie sagten XY. Was meinen Sie damit konkret?

- Sie haben geschildert, dass das Problem aufgrund von XY entstanden ist. Können Sie dies noch mal genauer erläutern?
- Wie kam es dazu?
- Wie sehen Sie das?

Das konkrete Nachfragen sorgt in diesem Kontext dafür, dass der Mitarbeiter versteht, dass sein Verhalten im Rahmen der Zielsetzung unangebracht war. Diese Einsicht wird benötigt, um ein Kritikgespräch erfolgreich beenden zu können.

- **Phase 4 – Bewertung des Sachverhalts:** Nachdem die Faktenlage sowohl aus Ihrer als auch aus Mitarbeitersicht geschildert wurde, ist es als Führungskraft nun Ihre Aufgabe, zu dem geschilderten Sachverhalt Stellung zu beziehen. Zur Bewertung der Faktenlage nutzen Sie hierzu die Hinweise des Mitarbeiters, die auf mögliche organisatorische Mängel oder mangelhafte Arbeitsbedingungen hinweisen. Fragestellungen können in dieser Phase im systemischen Kontext wie folgt formuliert sein:
  - Was wollen Sie nun tun?
  - Wie könnten Sie den Sachverhalt zukünftig anders angehen?
  - Welche anderen Möglichkeiten sehen Sie bezüglich des Sachverhalts?
  - Wie sehen Sie den Sachverhalt vor dem Hintergrund der heute gesammelten Erkenntnisse?
  - Was würden Sie an meiner Stelle tun?
  - Was schlagen Sie für die Zukunft vor?

- Wie können wir zukünftig diese Problematik verhindern?
- Wie könnten Sie zukünftig bei ähnlichen Sachverhalten solche Fehler vermeiden?

Ziel der konkreten Fragestellung ist es, den Gesprächspartner zur intensiven Reflexion zu veranlassen. Damit soll in der Folge das Verhalten des Mitarbeiters überdacht und angepasst werden. Im besten Fall kann der Mitarbeiter in dieser Phase bereits eigenständig Lösungen benennen, die das vorhandene Problem konstruktiv lösen. Andernfalls sollten Sie gemeinsam mit ihm nach Lösungen suchen.

Darüber hinaus sollten Sie als Führungskraft dem Mitarbeiter verdeutlichen, dass sein Handeln auch Konsequenzen für Sie hat. Ihren Aussagen können Sie durch folgende Formulierungen Nachdruck verleihen, ohne an Sachlichkeit einzubüßen:

- Ich muss das Projekt morgen beim Vorstand präsentieren. Mir fehlen dazu allerdings nun einige Informationen.
- Bei Ihrer Arbeitsaufgabe ging es um die Budgetfreigabe für unser Team. Darum muss ich mich jetzt kümmern und sehen, wie ich es lösen kann.
- Ich muss mich zukünftig auf die Erledigung Ihrer Arbeitsaufgaben verlassen können.

- **Phase 5 – Lösungen planen und umsetzen:** In dieser Phase geht es darum, aus dem festgestellten Fehlverhalten Konsequenzen abzuleiten und neue Ziele zu vereinbaren, welche die konkrete Problemstellung / den konkreten

Sachverhalt zukünftig verhindern. Darüber hinaus können Teilziele terminiert werden, welche die Umsetzung verbindlicher machen. Darüber hinaus verstärkt der Kontrollaspekt die Ernsthaftigkeit der angebrachten Kritik. Folgende Fragen können den Lösungsfindungsprozess unterstützen:

- Wie kommen wir nun zu einer guten Lösung, mit der alle Beteiligten leben können?
- Was können Sie mir denn bis zum vereinbarten Datum liefern?
- Welche Inhalte können Sie bis zur festgelegten Deadline abarbeiten?
- Hilft es Ihnen, weitere Mitarbeiter in die Bearbeitung des Auftrags als Unterstützung mit einzubeziehen?

- **Phase 6 – Erfolg kontrollieren:** Die in Phase 5 festgelegten Ziele werden im Kontext dieser Phase auf ihre Erledigung hin überprüft. Zwecks Kontrolle ist es sinnvoll, hierfür einen erneuten gemeinsamen Termin für ein weiteres Feedback im Sinne der Arbeitsaufgabe zu vereinbaren. Anhand eines Protokolls zum Gesprächsverlauf soll der Mitarbeiter Deadlines für die kommenden Teilziele erhalten, die im Sinne der Aufgabenerledigung noch anstehen. Das hilft ihm, sich zu orientieren, und bietet der Führungskraft eine planbare Zeitstruktur, auch im Hinblick auf die Rückmeldung an ihren Vorgesetzten.
- **Phase 7 – Kritikgespräch positiv beenden:** Ein Kritikgespräch sollte immer mit einem positiven Ausblick enden. Als Formulierung bietet sich ein Appell an:

- Ich freue mich, dass wir Zeit für das Gespräch gefunden haben, und bin der Überzeugung, dass ein ähnliches Problem nicht mehr entstehen wird.
- Ich freue mich, dass wir uns heute Zeit genommen haben, um uns bezüglich des Sachverhalts auf eine mögliche Lösung zu einigen. Wir sind uns sicherlich einig, dass so etwas nie wieder vorkommen wird.
- Wir sind uns einig: XY gehört zukünftig in Ihren Aufgabenbereich.
- Wenn Sie sich jetzt gleich an die Erledigung des Sachverhalts machen, können Sie mir bis 15.00 Uhr XY liefern.
- Ich bin sicher, Sie schaffen das. Ich vertraue Ihnen voll und ganz.

Derartige Formulierungen signalisieren dem Mitarbeiter, dass er sowohl in seiner Person geschätzt wird als auch aufgrund der damit verbundenen Fähigkeiten und Kompetenzen. Er verlässt das Gespräch mit einem guten Gefühl und hat so die Chance, die eigenen Leistungen zu verbessern und an die gewünschten Anforderungen anzupassen. Sie als Führungskraft sollten Ihrem Mitarbeiter verdeutlichen, dass Ihre Beziehung nicht von den Auswirkungen des Sachverhalts betroffen ist und davon ungetrübt bleibt, sofern die Vereinbarungen eingehalten werden. Darüber hinaus bleibt auf diese Weise die Basis für eine weitere Kommunikation zwischen Ihnen als Führungskraft und Ihrem Mitarbeiter erhalten. Das verringert die Unsicherheit des Mitarbeiters und seine Angst vor zukünftigen Gesprächen.

Die Praxis hat gezeigt, dass Kritikgespräche in der Realität häufig scheitern. Fair und effektiv angebrachte Kritik ist eine kommunikative Herausforderung und wird häufig von

Führungskräften unterschätzt. Insbesondere das Ausblenden persönlicher Befindlichkeiten fällt in diesem Rahmen schwer. Damit die Kritik beim Mitarbeiter angemessen ankommt, sollte die Führungskraft folgende Hinweise berücksichtigen:

- Vermeidung von sprachlichen Weichmachern und Verallgemeinerungen (bspw. eigentlich, normalerweise, immer, ständig, nie …)
- Formulierungen, die den kritischen Sachverhalt beschreiben, sollten das Selbstwertgefühl des Mitarbeiters nicht untergraben.
- keine Schuldzuweisungen oder Wertungen Dritter einfließen lassen, stattdessen Kritik als Ich-Botschaften formulieren:
  - Mir ist aufgefallen, dass …
  - Ich habe mich darüber geärgert, dass …
  - Ich habe erfahren, dass …
  - Ich bin mit dem Verhalten nicht einverstanden, dass …
- Wertschätzung gegenüber bisher erbrachter Leistung im Unternehmen hervorheben

Wenn ein Kritikgespräch nicht konstruktiv geführt wird, scheitern Sie und laufen in die falsche Richtung. Dauerhaft kann das dem Betriebsklima schaden. Durch Demotivation, Mitarbeiterfluktuation oder abwandernde Kunden können zudem zusätzliche Kosten entstehen. Die häufigsten Fehler in Kritikgesprächen, die daher unbedingt vermieden werden sollten, sind:

- **emotionale Reaktion:** Im Vorfeld eines Kritikgesprächs sollte unbedingt bedacht werden, dass emotionale, unkontrollierte und unsachliche Aussagen und Reaktionen den Sachverhalt nicht lösen. Daher sollte es im Rahmen des Kritikgesprächs nicht um Schuldzuweisungen, sondern um eine lösungsorientierte Zusammenarbeit beider Parteien gehen.

- **schlechte Vorbereitung:** Kritikgespräche sollten von Führungskräften niemals ohne entsprechende Vorbereitung im Vorfeld stattfinden. Nur durch ein gut strukturiertes Kritikgespräch können effiziente Lösungen für den Problemsachverhalt generiert werden. Zielführende Lösungen erhalten Sie daher ausschließlich durch die Vorbereitung eines Gesprächsleitfadens, der das Gespräch souverän auf das von Ihnen im Vorfeld festgelegte Ziel lenkt.
- **falscher Zeitpunkt:** Da ein Kritikgespräch Zeit benötigt, sollte es nicht unter Zeitdruck oder in Phasen mit hohem Auftragsaufkommen geführt werden. Dennoch sollte immer berücksichtigt werden, dass der Sachverhalt nicht zu weit in der Vergangenheit liegt, damit der Hergang nicht in Vergessenheit gerät. Bei der Wahl des Zeitpunktes kommt es daher auf das nötige Fingerspitzengefühl der Führungskraft an.
- **falscher Ort:** Der Ort, an dem ein Kritikgespräch stattfindet, sollte wohlüberlegt gewählt werden. Orte, die mit bestimmten Emotionen beim Mitarbeiter verbunden sind, sollten daher gemieden werden. Auch das eigene Büro der Führungskraft kann u. U. für das Kritikgespräch nicht neutral genug sein. Empfehlenswert ist es daher, einen neutralen Besprechungsraum im Unternehmen zu reservieren, der in keiner Relation zum Sachverhalt steht. Auch ein gemeinsamer Spaziergang über das Unternehmensgelände ist denkbar; insbesondere wenn es

sich um einen komplizierten Sachverhalt handelt, kann hierbei Stress abgebaut werden. Generell sollte das Kritikgespräch nie vor anderen Mitarbeitern stattfinden, da dies den Mitarbeiter in seinem Selbstwert abwerten kann.

- **persönlicher Angriff:** Um emotionale Reaktionen beim Mitarbeiter zu vermeiden, sollten die Sachverhalte niemals als Angriff formuliert werden. Es geht im Rahmen der Klärung nicht um Schuldzuweisung, sondern darum, das Problem aufzulösen und lösungsorientierte Strategien zu entwickeln, mit deren Hilfe der Sachverhalt aus der Welt geschafft werden kann. Um dem Mitarbeiter zu verdeutlichen, wo das Problem in seinem Handeln bestand, können Ich-Botschaften hilfreich sein. In diesem Rahmen können Sie als Führungskraft deutlich Ihre Erwartungshaltung formulieren und die Problematik aus Ihrer Sicht schildern.

- **unkonkrete und unklare Zielformulierungen:** Um Veränderungen herbeizuführen, sollte die Problemstellung von der Führungskraft möglichst genau definiert und beschrieben werden. Das verhindert Missverständnisse und verdeutlicht, warum das entstandene Problem auch für Sie als Führungskraft Konsequenzen hat. Auf diese Weise kann beim Mitarbeiter eine angemessene Verhaltensänderung bewirkt werden.

Von einem konstruktiven und professionellen Kritikgespräch profitiert daher nicht nur Ihr Mitarbeiter, sondern auch Sie als Führungskraft. Beide Seiten erhalten die Chance, ihr Verhalten reflektiert vor dem Hintergrund des Sachverhalts aus der Perspektive des jeweils anderen zu betrachten und im Anschluss auf die Anpassung von Denk- und Handlungsstrukturen hin zu bewerten. Wenn hieraus konkrete Handlungsschritte abgeleitet werden, kann dies zu einer persönlichen Weiterentwicklung auf beruflicher und individueller Ebene sowie zu besseren Arbeitsergebnissen und zu einer respektvolleren Zusammenarbeit führen.

Teampower: Lösungen gemeinsam im Team finden

Um Lösungen im Team zu entwickeln, sind verschiedene Faktoren entscheidend. Eine sinnvolle Basis hierfür bilden gegenseitiges Vertrauen, klare Verantwortungsbereiche und sinnvolle Zielformulierungen. Auch die Bereitschaft, mit Kollegen in einen Konflikt zu gehen, sowie die dafür nötige Selbstdisziplin können das Potenzial von Teams fördern.

Die Realität sieht häufig so aus, dass Mitarbeiter mit einer konkreten Fragestellung zu einem Sachverhalt an ihre Kollegen herantreten. Der fragende Mitarbeiter erwartet in diesem Moment in aller Regel schnelle Unterstützung, um zu einer möglichst raschen Lösungsfindung zu gelangen. Häufig entsteht aus der ursprünglichen Frage eine Aneinanderreihung von verschiedenen Lösungsansätzen vonseiten der Kollegen, die allesamt der Überzeugung sind, dass ihr Lösungsansatz sicherlich der hilfreichste sei. In diesem Prozess rückt die Frage des Fragestellers, der eigentlich beabsichtigt hatte, Ideen zu erhalten, die ihn im Kontext der Lösungsorientierung weiterbringen, zunehmend in den Hintergrund. Aus den Meinungen der Kollegen entwickeln sich Debatten um den richtigen Lösungsweg. Ärger und Frust sind in diesem Kontext vorprogrammiert.

Im Rahmen von Teamgesprächen agieren Führungskräfte daher zwingend als Moderatoren. Diese Methode wird auch als "Moderationsmethode" beschrieben und stellt eine Arbeitstechnik dar, die der Führungskraft dabei helfen soll, zusammen mit ihrem Team Probleme zu analysieren und im Nachgang passende Lösungen zu finden. Das heißt, durch gezielte Nachfragestrukturen wird versucht, neue Blickwinkel aufzuzeigen, um dem Team zu einer effektiven Lösung für den gerade zu bearbeitenden Sachverhalt zu verhelfen.

Moderation wird im Kontext der Übernahme von Führungsverantwortung häufig auch als Basiskompetenz beschrieben, wenn es darum geht, Teams zukunftsorientiert und modern zu leiten. Hierbei geht es darum, die Mitarbeiter anzuleiten, Hilfestellung zu geben, sie zu beteiligen und Verantwortung für das eigene Tun zu übernehmen. Sie dient darüber hinaus dem erfolgreichen Abschluss von Projekten in Teams und Gruppen.

Eine wirksame Moderation erfolgt stets auf Augenhöhe mit den Mitarbeitenden, ohne dabei Druck auszuüben. Ein guter Moderator agiert immer gut vorbereitet, verbindlich und auf Basis der Mitarbeitermotivation. Darüber hinaus vertraut ein guter Moderator darauf, dass die Teammitglieder die Inhalte kennen und Ergebnisse aktiv mitgestalten wollen.

Das Selbstverständnis der Führungskraft ist in diesem Kontext unbedingt so zu verstehen, dass diese die Verantwortung als fachlicher Experte an seine geschulten Mitarbeiter abgibt, da diese mit der Arbeit in der Praxis vertraut sind und die Situation genau kennen. Gleichzeitig wird verlangt, dass die Führungskraft in das Gespräch eingreift, sobald Extreme auftreten, die reguliert werden müssen. In der Konsequenz bedeutet dies für Sie als Führungskraft, dass Sie sich fachlich zurückhalten sollten und trotzdem die Verantwortung für den inhaltlichen Verlauf überwachen. Mitarbeiter sollten in diesem Kontext einen maximalen Handlungsspielraum erhalten. Die Basis hierfür bildet das Vertrauen in die Fähigkeiten und Kompetenzen der eigenen Mitarbeiter. Damit ein Teamgespräch professionell gelingen kann und die Mitarbeiter einen möglichst großen Handlungs- und Entscheidungsspielraum erhalten, müssen im Vorfeld Grenzen durch die jeweilige Führungskraft klar definiert werden. Hierzu ist von der Führungskraft Folgendes zu klären:

- Die gesteckten Ziele passen zu den Unternehmenszielen.
- Das Team ist in der Lage, die Freiräume für die persönliche Weiterentwicklung zu nutzen. Dabei muss das Team aufgeschlossen sein für alle Ideen und Lösungsansätze und über agile Denkweisen verfügen.

Problematisch bei Teamsitzungen ist, dass manche Führungskräfte Bedenken haben, konfliktbehaftete Themen aufzuarbeiten. Sie konzentrieren sich daher lieber auf Sachthemen und schöpfen infolgedessen das Potenzial von Teamgesprächen nicht richtig aus. Fortschritte hinsichtlich der Weiterentwicklung von Führungskompetenzen sowie der Kooperation von Teams erfolgen auf diesem Weg nicht. Damit ein Teamgespräch jedoch gelingen kann, braucht es von allen Beteiligten Offenheit, Vertrauen und Nachhaltigkeit, wenn es darum geht, vereinbarte Themen weiterzuverfolgen. Agiert eine Führungskraft in diesem Kontext als professioneller Vermittler, kann das den Ablauf steuern, die Aussprache der Mitarbeiter untereinander fördern, gegenseitiges Verständnis generieren sowie Erwartungen klären.

Hinsichtlich des Ablaufs von Teamgesprächen empfiehlt sich daher eine klare Strukturierung durch die Führungskraft. Der Gesprächseinstieg sollte von der Führungskraft organisiert sein und mit wertschätzenden Worten an das Team beginnen. Für den Gesprächsbeginn eignen sich zum Beispiel folgende Formulierungen:

- Schön, dass Sie alle so zahlreich erschienen sind und sich Zeit für eine gemeinsame Teamsitzung genommen haben.

- Wir sitzen heute wieder hier zusammen, um jenseits von sachlichen Themen zu schauen, wie sich das Klima unseres Teams verbessern lässt.
- Wir haben uns heute hier verabredet, um gemeinsam …

Bevor auf die konkrete Problemstellung eingegangen wird, sollten die Mitarbeiter einen kurzen Überblick darüber erhalten, welche Themen im Rahmen des Zusammenkommens des Teams behandelt werden sollen. Danach kann durch eine offene Fragerunde, in deren Rahmen bereits erste Informationen zur aktuellen Situation im Team gesammelt werden können, allen Mitarbeitern die Chance gegeben werden, Missstände aufzuzeigen. Folgende Fragestellungen könnten beispielsweise das Sammeln von Informationen unterstützen:

- Was lief gut?
- Was lief schlecht?
- Was müssen wir verbessern?
- Wie empfinden Sie die Stimmung im Team?
- Was kann unternommen werden, um die Stimmung zu verbessern?
- Wo nehmen Sie Entwicklungen wahr, die sich in die falsche Richtung bewegen?
- Welchen Beitrag kann jeder Einzelne leisten, um die Stimmung im Team zu verbessern?
- Wie kann eine bessere Zusammenarbeit gestaltet werden? Was wird konkret dafür benötigt?
- Welche Ideen müssen überdacht werden und passen nicht mehr?

- Was gefällt Ihnen an der Arbeit im Team besonders? Was motiviert Sie hierbei?
- Was würde zu Ihrer Zufriedenheit innerhalb des Teams beitragen?
- Welche Arbeitsabläufe müssen optimiert werden?
- Welche Anliegen haben Sie an mich?
- Was kann ich tun, um die Situation zu verbessern?

Sofern in diesem Rahmen bereits erste Auseinandersetzungen zwischen den Mitarbeitern aufkommen, können Sie als Führungskraft intervenieren. Das könnte zum Beispiel wie folgt aussehen:

- An dieser Stelle muss ich Ihnen als Ergebnisverantwortlicher mitteilen, dass …
- Ausgehend von meinem Standpunkt als Verantwortlicher gestaltet sich dieser Sachverhalt wie folgt: ….

Diese oder ähnliche Formulierungen machen deutlich, dass Sie nicht im Sinne Ihrer Rolle als Führungskraft in den Diskurs einsteigen wollen, sondern Ihrer Moderatorenrolle nachkommen, um den Diskurs in einem sinnvollen und ergebnisorientierten Rahmen zu führen.

Im weiteren Verlauf kann das Team nun die Möglichkeit erhalten, im Rahmen einer zeitlichen Vorgabe Antworten auf die gestellten Fragen zu finden und diese auf Metaplankarten zu notieren. Gemeinsam mit dem Team können diese Metaplankarten nach Wertschätzung und Kritik sortiert werden. Positive Aussagen werden wertschätzend zur Kenntnis genommen. Negative Aussagen werden in Themengebiete geclustert und für den nachfolgenden Dialog im Team an einer Pinnwand platziert.

Ziel dieses Vorgehens ist es, die Blickwinkel der anderen Mitarbeiter anzuerkennen, zu verstehen und durch gezieltes Nachfragen für alle Mitglieder des Teams zu verdeutlichen. Exemplarisch können Verständnisfragen an den jeweiligen Verfasser gerichtet werden, um sicherzustellen, dass die Inhalte richtig gedeutet wurden. Mögliche Fragen wären beispielsweise:

- Sie schreiben auf Ihrer Karte, dass … Ist damit gemeint, dass …?
- Sie führen an, dass es Unstimmigkeiten im Team gibt, weil … Verstehe ich es richtig, dass sich die Situation Ihrer Meinung nach durch XY verändern lässt?
- Zusammenfassend wollen Sie also sagen, dass …? Ist das korrekt?

Das gezielte Nachfragen schafft in der Konsequenz eine stabile Basis, auf der mögliche Lösungsansätze generiert werden können.

Nachdem sichergestellt wurde, dass die Kritikpunkte inhaltlich korrekt gedeutet wurden, sollte es in einem nachfolgenden Schritt darum gehen, aus den konkreten Beanstandungen mögliche Verbesserungen abzuleiten, mit denen sich alle arrangieren können. Hierzu kann es erneut hilfreich sein, dass Sie als Führungskraft das Team bei der Ideenfindung durch gezieltes systemisches Nachfragen unterstützen. Hiermit regen Sie die Mitarbeiter dazu an, sich von ihrem Blickwinkel zu lösen und anderen Sichtweisen mit der nötigen Offenheit zu begegnen. Mögliche Fragestellungen könnten in diesem Kontext lauten:

- Welche Maßnahmen können für die Zukunft im Team beibehalten werden, um die Mitarbeiterzufriedenheit sicherzustellen?
- Was wird benötigt, um die Zufriedenheit zu verbessern?

- Wie können Konflikte künftig besser gelöst oder gänzlich vermieden werden?
- Was können wir tun, um die Zusammenarbeit im Team zu verbessern?
- Was kann ich dazu beitragen, dass sich die Situation verbessert?

Zwecks Verbindlichkeiten und Zuständigkeiten sollte der Inhalt von Teamgesprächen immer in Form eines Protokolls schriftlich festgehalten und so abgelegt werden, dass jeder Mitarbeiter bei Bedarf Zugriff darauf hat.

Teamgespräche sind für Führungskräfte aufgrund der Doppelrolle, die sie aufgrund der Moderatorenfunktion und ihrer Position als Führungskraft einnehmen, immer wieder schwierig. Der Dialog, der im Teamgespräch entstehen soll, lebt von eben dieser klaren Rollentrennung und sollte daher strikt vorgenommen werden. Sofern im Team bereits Spannungen mit der Führungskraft aufgekommen sind, empfiehlt sich der Einsatz eines externen Moderators.

Teamgespräche sind generell für die Unternehmensentwicklung auf verschiedenen Ebenen wichtig und sinnvoll. Zum einen erhalten Führungskräfte in diesem Rahmen konstruktive Verbesserungsvorschläge, auf deren Basis sie sich weiterentwickeln und wachsen können. Zum anderen erlernt das Mitarbeiterteam, wie es in Konfliktsituationen mithilfe von Gesprächskompetenzen zu lösungsorientierten Zielen gelangen kann. Darüber hinaus fördern Teamgespräche die Motivation von Mitarbeitern.

Für die individuelle Weiterentwicklung können Sie sich als Führungskraft im Rahmen der Nachbereitung von Teamgesprächen folgende Fragen stellen:

- Woran liegt es, dass meine guten Absichten nicht den gewünschten Erfolg generieren?
- Was soll mein Handeln bei den Mitarbeitern bewirken – und was erreiche ich tatsächlich?
- Was klappt besser, als ich es zuvor befürchtet hatte?
- Was muss ich verbessern?

Werden Teamgespräche regelmäßig durchgeführt, können sich im Rahmen der Kommunikation der Mitarbeiter untereinander, aber auch hinsichtlich der Kommunikation mit der Führungskraft wichtige Kompetenzen ausbilden, die in Konfliktsituationen hilfreich sein können. Darüber hinaus führt die Befragung der Mitarbeiter hinsichtlich ihrer persönlichen Einschätzung der Unternehmens- und Teamsituation dazu, dass sie sich in ihrer Person wertgeschätzt fühlen.

Teamgespräche sind somit hilfreiche Instrumente zur Weiterentwicklung von Teams und Führungskompetenzen. Sie kosten wenig und können innere Widerstände aufdecken, die andernfalls unbeachtet geblieben wären.

Zielvereinbarungsgespräch

Durch die stetigen Veränderungen der Arbeitswelt setzen viele moderne Unternehmen auf jährliche Zielvereinbarungsgespräche als Führungsinstrument. Sie dienen der Koordination anstehender Aufgaben und sollen die Arbeitsproduktivität durch die gezielte Strukturierung von Abläufen erhöhen. Aus den festgelegten Unternehmenszielen werden abteilungsbezogene Ziele abgeleitet, die dann in der Folge in individuelle Mitarbeiterziele übertragen werden. Bei einem Zielvereinbarungsgespräch handelt es sich in aller Regel um ein Vieraugengespräch zwischen dem Mitarbeiter und Ihnen als Führungskraft. Im Rahmen dieses Gesprächs werden Ziele und daraus abgeleitete Maßnahmen, die der Zielerreichung dienen sollen, vereinbart.

Bei der Ausgestaltung der konkreten Ziele ist es wichtig, dass sie so formuliert sind, dass sie sich realistisch betrachtet erreichen lassen. Zudem müssen sie verständlich und präzise formuliert sein und dem Mitarbeiter im Anschluss an das Gespräch schriftlich zur Verfügung gestellt werden, sodass dieser sich konkret daran orientieren kann. Darüber hinaus sollten die vereinbarten Ziele messbar sein, sodass sie am Ende eines Jahres in Zahlen und Daten des Unternehmens ausgewertet werden können. Für den Mitarbeiter ist es wichtig, dass seine Ziele so formuliert sind, dass sie ihn motivieren und seine Kompetenzen und Fähigkeiten herausfordern. Dabei sollte die Führungskraft bei der Ausformulierung der Ziele immer darauf achten, dass die erfassten Ziele zu den individuellen Stärken und Schwächen des Mitarbeiters passen.

Im Vorfeld jedes Zielvereinbarungsgesprächs sollte sich die Führungskraft folgende Fragen stellen:

- Was kann der Mitarbeiter leisten?
- Welche Bereiche bereiten dem Mitarbeiter Schwierigkeiten?
- Welche Ziele genau sollen erreicht werden?
- Passen die Aufgaben zu den Wünschen und Bedürfnissen des Mitarbeiters?
- Wie lässt sich der Mitarbeiter motivieren?
- Welche anstehenden Projekte passen zum Mitarbeiter?

- Wo soll die Hauptaufgabe des Mitarbeiters im kommenden Jahr liegen?
- Welche Ziele verfolgt mein Unternehmen?
- Wer entscheidet über die Zielerreichung und wie kann diese gemessen werden?
- Welche Konsequenzen sind mit der Zielerreichung verbunden?
- Wie kann ich die gesteckten Ziele überprüfen?

Die Gründe für die Festlegung von Zielvereinbarungen können dabei sein:

- **Personalentwicklung:** Unter dem Aspekt der Personalentwicklung geht es ausschließlich darum, vorhandene Mitarbeiterpotenziale konstruktiv zu nutzen und zu fördern, sodass sie sowohl der Entwicklung des Mitarbeiters hinsichtlich seiner Karriere dienlich sind als auch hinsichtlich der Wirtschaftlichkeit des Unternehmens.

  Als Anreiz und Motivation sind an dieser Stelle in Abhängigkeit zu der jeweiligen Branche monetäre Anreize, weiterführende Karriereschritte, Weiterbildungen oder bestimmte Projekte denkbar. Die Aufgabe der Führungskraft besteht darin, herauszufinden, für welche Anreize der jeweilige Mitarbeiter zugänglich ist, um diese der Zielvereinbarung entsprechend zu gestalten.

- **Durchsetzung von Weisungsrechten:** Diese Form der Zielvereinbarung kommt immer dann zum Einsatz, wenn ein Mitarbeiter Hilfestellung benötigt, um seine Leistungsfähigkeit wiederherzustellen. Sofern ein Mitarbeiter seine Aufgabenbereiche nicht abschätzen kann, sollte gemeinsam mit der Führungskraft im Rahmen einer

Zielvereinbarung festgelegt werden, auf welche Bereiche sich der Mitarbeiter fokussieren sollte.

- **Koordination von Aufgaben und Ressourcen:** Zielvereinbarungsgespräche erfüllen immer auch den Zweck, bestehende Aufgaben zu koordinieren und dafür zu sorgen, dass die im Unternehmen festgelegten Ziele so verteilt werden, dass sie am Ende des Jahres als erledigt betrachtet werden können.

Die Vorteile von Zielvereinbarungsgesprächen liegen vor allem darin, dass Klarheit über die zu erledigenden Arbeitsaufgaben besteht, jeder seinen Verantwortungsbereich kennt, Schwachstellen aufgedeckt werden können, Mitarbeiter sich besser mit ihrem Aufgabengebiet identifizieren können sowie darin, dass innerhalb des Unternehmens eine bessere Kommunikation stattfindet.

Um ein Zielvereinbarungsgespräch vorzubereiten, sollten Führungskräfte im Vorfeld sicherstellen, dass sie die Stärken und Schwächen des Mitarbeiters kennen, um daraus individuell passende Ziele abzuleiten. Zudem sollte dieser Rahmen dazu genutzt werden, um Entwicklungsmöglichkeiten aufzuzeigen. Ein Zielvereinbarungsgespräch sollte dabei immer zukunftsorientiert angelegt sein und sich mit den anstehenden Aufgaben des Jahres beschäftigen. Im weiteren Verlauf kann dann gemeinsam mit dem Mitarbeiter anhand der erarbeiteten Ziele festgelegt werden, wann spezifische Teilziele erreicht sein sollten. Bei der Formulierung von Zielen kann die Berücksichtigung folgender Kategorien hilfreich sein:

- Arbeitsziele, die das laufende Geschäft betreffen (unter Berücksichtigung der Fachkompetenz des Mitarbeiters)
- Arbeitsziele aus Sonderaufträgen oder Projekten

- Ziele, die Veränderungen für Gruppen oder neue Zuständigkeitsbereiche generieren
- Entwicklungsziele, die ausschließlich die Weiterentwicklung des Mitarbeiters betreffen (bspw. Qualifikationen, Kommunikationsfähigkeiten, Konfliktverhalten …)

Bei der Formulierung von Zielen gemeinsam mit dem Mitarbeiter ist es weiterhin wichtig sicherzustellen, dass der Mitarbeiter sich über die Bedeutung des formulierten Ziels bewusst ist. Dies kann durch gezielte Formulierungen ermöglicht werden, beispielsweise durch folgende Äußerungen/Fragestellungen:

- Ich fasse zusammen: Sehe ich das richtig, dass Ziel A uns dabei unterstützen wird, dass …
- Zusammengefasst bedeutet das also für Ziel B, dass …?
- Folglich heißt das für Ziel C, wir müssen … Ist das richtig?

Hinsichtlich der Zielformulierung sollten darüber hinaus folgende Fragestellungen aufgegriffen werden, um eine präzise Ausformulierung sicherzustellen:

- Welcher Effekt soll mit Ziel A langfristig erreicht werden?
- Was muss getan werden, um Ziel B fertigzustellen?
- Zu welchem Zeitpunkt soll Ziel C erreicht werden?
- Welche Faktoren müssen erfüllt sein, damit Ziel D abgeschlossen werden kann?
- Bis wann soll das Gesamtergebnis vorliegen?
- Welche Fähigkeiten benötigen Sie, um das Ziel zu erreichen?
- Welche Mittel werden zur Zielerreichung benötigt?

- Wer muss um Mitwirkung bei der Zielerreichung gebeten werden?
- Wo können sich abteilungsübergreifend Synergien ergeben, die für die Zielerreichung genutzt werden können?

Insbesondere im Kontext der Formulierung und Auswahl der Mitarbeiterziele sollte darauf geachtet werden, dass die Zielvorgaben den Mitarbeiter nicht überfordern, da dies seine Motivation und Leistungsbereitschaft negativ beeinflussen kann.

Nachdem die Ziele mit dem Mitarbeiter besprochen und festgehalten wurden, sollte ein weiterer gemeinsamer Termin vereinbart werden, bei dem im Sinne des Unternehmenscontrollings eine Fortschrittskontrolle der erreichten Ziele durchgeführt wird. Diese kann konkret in Form von Zwischengesprächen stattfinden, sodass bei Abweichung von den vereinbarten Zielen zeitgerecht interagiert werden kann. Darüber hinaus sollte gemeinsam festgelegt werden, was im Rahmen des Fortschrittsgesprächs überprüft werden soll, sodass für den Mitarbeiter transparent ist, welche Aufgaben bis zum nächsten Termin zu erledigen sind. Im Rahmen des Fortschrittsgesprächs kann die Führungskraft folgende Fragen an den Mitarbeiter richten, um zu überprüfen, in welchem Bereich sich der Zielfortschritt bewegt:

- Wurden bereits Teilziele erreicht?
- Wurden Probleme festgestellt, welche die Zielerreichung behindern könnten?
- Was kann getan werden, um die Probleme bei der Zielerreichung zu eliminieren?
- Welche Bedingungen unterstützen die Zielerreichung?
- Welche Bedingungen behindern die Zielerreichung?

- Sind bereits Komplikationen aufgetreten?

Sofern die vereinbarten Ziele zum Stichtag nicht erreicht wurden, ist es die Aufgabe der Führungskraft herauszufinden, worin dies begründet liegt. Dabei sollte sich die Führungskraft zur Unterstützung der Informationsbeschaffung systemischer Fragetechniken bedienen. Beispielsweise könnten folgende Fragen an den Mitarbeiter gerichtet werden:

- Was denken Sie, woran es lag, dass wir Ziel A nicht in der vereinbarten Zeit erreichen konnten?
- Können Sie benennen, worin Sie die Ursache für das Nichterreichen von Ziel B sehen?
- Was hätte Sie bei der Zielerreichung von Ziel C im Rahmen der vorgegebenen Zeit unterstützt?
- Was kann ich tun, um Sie bei der Zielerreichung von Ziel D zu unterstützen?
- Was hätte inhaltlich dazu beigetragen, Ziel E zum vereinbarten Termin zu erreichen?

Zielvereinbarungsgespräche geben dem Mitarbeiter Orientierung im Hinblick auf seine Arbeitsaufgaben sowie hinsichtlich der räumlichen, zeitlichen und finanziellen Ausgestaltung seines Arbeitsbereichs. Darüber hinaus können sie den Mitarbeiter motivieren, sofern die vereinbarten Ziele seine Selbstwirksamkeitserwartung treffen. Somit hängt der Erfolg des Zielvereinbarungsgesprächs in erster Linie vom passgenauen Zuschnitt der ausformulierten Ziele der Führungskraft ab.

Motivationsgespräch

Mitarbeitermotivation kann als wesentlicher Bestandteil des Unternehmenserfolgs gewertet werden. Für die Wirtschaftlichkeit eines Unternehmens sind motivierte Mitarbeiter daher ein Segen. Unter dem Begriff "Motivationsgespräch" werden verschiedene Arten von Mitarbeitergesprächen zusammengefasst, welche die Motivation des Mitarbeiters fördern sollen.

Gesprächsanlass kann die Anerkennung für eine besonders gute Leistung, ein positives Feedbackgespräch oder ein Entwicklungsgespräch sein, bei dem die Weiterentwicklungsmöglichkeiten innerhalb des Unternehmens aufgezeigt werden.

Ziel von Motivationsgesprächen ist es, Strukturen des Mitarbeiters zu eruieren, die für seine Demotivation sorgen, um herauszufinden, was konkret den Mitarbeiter daran hindert, Aufgaben erfolgreich und mit voller Einsatzbereitschaft zu erledigen. Im Fokus stehen dabei keine Schuldzuweisungen, sondern das konkrete Ausräumen von Hindernissen im Arbeitsalltag des Mitarbeiters. Dies soll die Motivation des Mitarbeiters erneut entfachen.

Für den Ablauf ist es in erster Linie wichtig, dass die Führungskraft für eine angenehme Gesprächsatmosphäre sorgt. Unabhängig davon, ob für den Mitarbeiter Grund zur Sorge besteht, dass sich das Gespräch in eine kritische Richtung entwickeln könnte, sorgen Gespräche mit Führungskräften immer wieder für Anspannung und Nervosität. Aus diesem Grund sollten Sie als Führungskraft den Mitarbeiter gleich zu Beginn aufklären, welche Themen in dem Gespräch inhaltlich aufgegriffen werden, um ihm seine Anspannung zu nehmen. Das ermöglicht dem Mitarbeiter, sich auf das Gespräch einzulassen. Offene Fragen, welche die Führungskraft im Kontext der Begrüßung und inhaltlichen Erläuterung stellen kann, lauten:

- Heute geht es um Ihre individuelle Weiterentwicklung in unserem Unternehmen. Welche

Entwicklungsmöglichkeiten wünschen Sie sich innerhalb des Unternehmens?

- Gibt es etwas, was sie derzeit bedrückt?
- Wie schätzen Sie persönlich Ihre Arbeitsergebnisse ein?
- Mein Eindruck ist, dass ... Wie sehen Sie das?

Die gestellten Fragen sorgen dafür, dass eine vertrauensvolle Gesprächsatmosphäre geschaffen wird, in welcher der Führungskraft informative Antworten für den weiteren Verlauf des Motivationsgesprächs geliefert werden. Bei der Formulierung der offenen Fragen sollte mit äußerster Sorgfalt darauf geachtet werden, dass sich in den Äußerungen keine vorwurfsvollen Behauptungen einschleichen. Sie wären der Gesprächsatmosphäre nicht zuträglich und helfen nicht dabei, konstruktive Ergebnisse zu erzielen.

Sofern die Fragestellungen nicht umfassend genug vom Mitarbeiter beantwortet werden, kann es hilfreich sein, die in den Fragen angestellten Vermutungen mit Belegen zu untermauern. Auch dabei sollten Sie als Führungskraft stets objektiv und sachlich bleiben.

Anschließend sollte die Führungskraft im weiteren Gesprächsverlauf versuchen herauszufinden, was konkret die Motivation des Mitarbeiters im Alltag blockiert. Folgende Fragestellungen können dabei verwendet werden:

- Was hindert Sie gerade daran, Ihre Arbeit motiviert anzugehen?
- Können Sie konkrete Arbeitsabläufe benennen, die Ihre Motivation blockieren?
- Können Sie konkrete Aufgaben benennen, die Ihre Motivation blockieren?

- Gibt es personelle Problemfelder, die Ihre Motivation beeinträchtigen?
- Haben Ihre Kollegen einen Anteil an Ihren Motivationseinbußen?
- Habe ich einen Anteil daran, dass Ihre Motivation blockiert ist?
- Was kann ich tun, um Sie für Ihre Aufgabenbereiche zu motivieren?
- Was können Sie tun, um sich zu motivieren?
- Was können wir gemeinsam tun, um das Problem zu lösen?
- Welche Ideen haben Sie?
- An welche Möglichkeiten haben wir bisher noch nicht gedacht?

Wenn sich ausgehend von diesen Fragen Problemfelder abzeichnen, sollte der Mitarbeiter dabei unterstützt werden, selbstständig nach Auswegen aus seiner Motivationslosigkeit zu suchen. Er sollte von der Führungskraft angeregt werden, darüber nachzudenken, was er in Zukunft in seiner Arbeitshaltung und in Bezug auf seine Arbeitsergebnisse verbessern möchte. Mit diesem Vorgehen wird der Mitarbeiter nicht entmündigt, sondern kann aktiv durch seine Handlungsfähigkeit an einer Lösungsfindung mitwirken. Sofern die Anregungen realisierbar sind, sollten Sie als Führungskraft gemeinsam mit Ihrem Mitarbeiter an der Formulierung konkreter Maßnahmen arbeiten. Um die Ziele und die Arbeitsschritte, die zur Zielerreichung dienen, für den Mitarbeiter transparent und nachvollziehbar zu machen, empfiehlt es sich, die Absprachen in einem symbolischen Schriftstück schematisch festzuhalten. Im Rahmen der Erläuterungen kann es hilfreich sein, immer wieder Verständnisfragen zu stellen, die das beidseitige Verstehen der Vereinbarungen absichern. Verständnisfragen können in diesem Kontext lauten:

- Für das Ziel XY haben wir festgehalten, dass … Gehe ich recht in der Annahme, dass wir uns diesbezüglich abgestimmt haben, dass …?
- Ziel XY besagt, dass … Wir sind uns sicher einig, dass eine konkrete Ausgestaltung XY enthalten muss, oder?

Für einen positiven Verlauf des Motivationsgesprächs ist es darüber hinaus wichtig, dass negative Kritik so positiv wie möglich verpackt wird. Äußerungen wie "In Ihrem jetzigen Aufgabenbereich wirken Sie mit der Gesamtsituation überfordert" sollten besser wie folgt formuliert werden: "Ich habe den Eindruck, dass Sie sich in Ihrem Arbeitsbereich nicht vollständig wohlfühlen und Ihr Potenzial dadurch nicht vollständig ausnutzen können. Ist das richtig?"

Auf diese Weise hat der Mitarbeiter nicht das Gefühl, sich für das Gesagte rechtfertigen oder verteidigen zu müssen. Es vermittelt ihm den Eindruck, dass er zusammen mit der Führungskraft offen über seine Schwierigkeiten und Probleme im beruflichen Kontext sprechen kann. Darüber hinaus sendet die Führungskraft bei Veränderung der Formulierung das Signal, dass die Absicht hinter dem Gespräch keine Kritik, sondern ein individuelles Unterstützungsangebot ist.

Am Ende des Motivationsgesprächs sollten Vereinbarungen getroffen werden, wie das bestehende Problem gelöst werden kann. Das damit benannte Ziel sollte klar und deutlich im Schriftstück festgehalten werden, damit das Gespräch im Nachgang nicht seine Wirkung verliert oder es zu ungewollten Missverständnissen kommt.

Nach Ablauf einer im Gespräch gemeinsam abgesprochenen Frist sollte dann erneut überprüft werden, ob die besprochenen Veränderungen eingetreten sind und die vereinbarten Maßnahmen der Zielerreichung dienlich waren.

Kündigungsgespräch

Zu den schwierigsten und unangenehmsten Aufgaben einer Führungskraft gehört unbestritten das Kündigungsgespräch. Für einen reibungslosen Verlauf ist es wichtig, im Vorfeld ein gutes Kündigungsgespräch zu führen. Damit eine Trennung sauber verläuft, sollte das Kündigungsgespräch fair gestaltet werden.

In erster Linie sollten Sie als Führungskraft darauf achten, dass das Selbstwertgefühl des zu kündigenden Mitarbeiters nicht untergraben wird. Darüber hinaus sollte unterstützend darauf achtgegeben werden, dass die verbleibenden Mitarbeiter nicht demotiviert werden und dass das Unternehmen durch die Kündigung keinen langfristigen Schaden nimmt. Damit das gelingt, sollten Sie sich im Vorfeld einige Fragen stellen:

- Welche Kriterien sind entscheidend für die Kündigung?
- Wann soll die Kündigung erfolgen?
- Wann soll die Kündigung ausgesprochen werden?
- Wer führt das Kündigungsgespräch?
- Wie werden die verbleibenden Mitarbeiter über die Kündigung informiert?
- Wer informiert die verbleibenden Mitarbeiter über die Kündigung?
- Wie wird die Kündigung gegenüber dem zu kündigenden Mitarbeiter begründet?

- Wie wird die Kündigung gegenüber den verbleibenden Mitarbeitern begründet?
- Wie soll der Trennungsprozess gestaltet werden?
- Welche Argumente könnte der Mitarbeiter anbringen, die gegen seine Kündigung sprechen?
- Welche Argumente vertrete ich?

Diese Fragen dienen im weiteren Verlauf dazu, das Kündigungsgespräch inhaltlich auf die zentralen Fragestellungen des zu kündigenden Mitarbeiters und die entsprechenden Antworten vorzubereiten.

Bevor eine Kündigung ausgesprochen wird, sollte im Vorfeld geklärt werden, ob sie rechtlich Bestand hat. Das vermeidet einen teuren Rechtsstreit. Darüber hinaus sollte eine Kündigung immer in enger Abstimmung mit dem Betriebsrat, der Personalleitung und der Geschäftsleitung erfolgen.

Für die Gesprächssituation ist es wichtig, dass Sie als Führungskraft sachlich argumentieren und sich nicht von Emotionen leiten lassen. Das Gespräch sollte nicht unnötig in die Länge gezogen werden und ohne Ausschweifungen begründet werden. Zudem sollte das Kündigungsgespräch nicht durch irgendwelche externen Störungen (Telefon, Alltagsaufgaben, andere Mitarbeiter …) unterbrochen werden. Damit der Mitarbeiter sich direkt nach dem Gespräch innerlich sammeln kann, empfiehlt es sich, den Termin kurz vor Büroschluss anzusetzen. So macht die Kündigung nicht sofort die Runde.

Eingeleitet werden könnte ein Gespräch beispielsweise mit folgenden Formulierungen:

- Wie Sie bereits wissen, hat sich unser Auftragsvolumen verändert. Im Unternehmen mussten daher weitreichend

Einsparungsmaßnahmen in Gang gesetzt werden. Zu den Sparmaßnahmen zählen leider auch XY betriebsbedingte Kündigungen aus unserem Bereich. Die Kriterien, die für die Kündigung entscheidend waren, sind … Herr Meier, Sie zählen bedauerlicherweise auch zu den Betroffenen. Ihr Arbeitsverhältnis wird daher fristgerecht zum … enden. Ich bitte um Ihr Verständnis. Es tut mir leid.

- Wie wir bereits mehrfach in vorangegangenen Gesprächen besprochen haben, waren wir mit Ihrer Arbeitsleistung nicht immer ganz zufrieden. Sie haben Ihr Bestes gegeben, dennoch können wir Ihren Vertrag nach Ende der Laufzeit bedauerlicherweise nicht verlängern.
- In der Vergangenheit hatten wir bereits einige Gespräche bezüglich Ihrer Arbeitsleistung geführt. Leider hat sich die Situation seit dem letzten Gespräch am XY nicht wesentlich verbessert. Daher sehe ich mich nun gezwungen, Ihnen zum XY zu kündigen.

Im weiteren Verlauf sollten dann die Beweggründe für die Entscheidung zur Kündigung für den Mitarbeiter verständlich erläutert werden. Begründet werden können Kündigungen betriebsbedingt, personenbedingt oder verhaltensbedingt. Darauf sollten Sie sich bei Ihrer Argumentation in jedem Fall beziehen. Beschreiben Sie dem Mitarbeiter, was Sie exakt zu dieser Entscheidung bewogen hat, sodass der Gekündigte seine Selbstachtung und sein Selbstvertrauen bewahren kann. Bei betriebsbedingten Kündigungen können folgende Formulierungen hilfreich sein:

- Sie werden sicher verstehen, dass uns die Entscheidung nicht leichtgefallen ist. Dennoch mussten wir im Sinne der Wirtschaftlichkeit für das Unternehmen eine Entscheidung treffen. Bedauerlicherweise hat es aus den genannten

Gründen dieses Mal Sie getroffen. Bitte sehen Sie das nicht als Kritik an Ihren Fähigkeiten.

- Sie wissen bereits, dass wir schon seit einiger Zeit mit dem Bestehen auf dem Markt kämpfen. Eine Entscheidung dieser Art ist uns nicht leichtgefallen, vor allem weil Sie Ihre Potenziale in unserem Unternehmen zu jeder Zeit ausgeschöpft haben. Dennoch mussten wir diese Entscheidung im Sinne des Unternehmens treffen.

In diesem Kontext sollten Sie als Führungskraft Diskussionen unbedingt unterbinden. Darüber hinaus sollten Sie die getroffene Entscheidung immer als eine gemeinsam mit der Unternehmensleitung getroffene Entscheidung vertreten. Sich gegen die Unternehmensleitung zu stellen, könnte sonst auch negative Auswirkungen auf Ihre Karriere als Führungskraft haben.

Im nächsten Schritt kommt es dann darauf an, die Reaktionen des gekündigten Mitarbeiters auszuhalten. Egal wie die Reaktion ausfällt, sollten Sie weiterhin Ihrer professionellen Haltung treu bleiben. Auch ein persönlicher Angriff sollte Sie nicht aus der Fassung bringen und ist der Überforderung des Mitarbeiters geschuldet. Folgende Formulierungen können dann hilfreich sein:

- Frau Müller, die Situation ist für uns alle unangenehm. Dennoch sollten wir versuchen, weiterhin eine sachliche und professionelle Ebene zu wahren. Es gibt noch einige Punkte, die ich mit Ihnen gerne besprechen möchte.
- Herr Meier, das ist sicherlich eine sehr emotionale Situation für Sie. Gleichwohl möchte ich Sie bitten, sachlich zu bleiben. Wir sollten unbedingt noch die offenen Punkte für die kommenden Wochen besprechen. Das dürfte für Sie auch interessant sein.

- Herr Schmidt, ich kann Ihre Empörung durchaus verstehen. Dennoch fordere ich Sie auf, zu einer sachlichen Ebene zurückzukehren, damit wir das Gespräch fortsetzen können. Andernfalls müssen wir für die Besprechung der restlichen Einzelheiten einen neuen Termin vereinbaren.

Formulierungen wie diese können dazu beitragen, dass das Gespräch wieder auf eine sachliche Ebene gehoben wird und der Gesprächsverlauf fortgesetzt werden kann.

Nach dem Aussprechen der Kündigung sollten Fragen bezüglich eines eventuell noch bestehenden Resturlaubs oder einer möglichen bezahlten Freistellung geklärt werden. Darüber hinaus kann dem Mitarbeiter angeboten werden, bei der Formulierung eines abschließenden Zeugnisses seine Wünsche zu berücksichtigen oder für Referenzen zur Verfügung zu stehen.

Abschließend empfiehlt es sich, dass Sie als Führungskraft anbieten, dass der Gekündigte bei Fragen auch in einigen Tagen auf Sie zukommen kann. Machen Sie in diesem Kontext aber in jedem Fall deutlich, dass es sich dabei nur um die Details zum weiteren Verlauf der Kündigung handelt, um weitere Diskussionen über die Beweggründe zu vermeiden. Um sicherzustellen, dass die Gründe aufgrund der Aufregung nicht untergegangen sind, sollte der Gekündigte im Anschluss an das Gespräch eine schriftliche Kündigung erhalten. Weiterhin sollten zeitnah die verbleibenden Mitarbeiter über die Vorkommnisse informiert werden, um unnötigen Spekulationen aus dem Weg zu gehen.

Fazit und Schlusswort

Systemische Fragen folgen festgelegten Mustern. Sie unterstützen das Gegenüber dabei, aus überholten Denk- und Handlungsmustern auszubrechen und neue Perspektiven einzunehmen. Sie sind hilfreich, Probleme aufzudecken, neue Ideen zu entwickeln und Lösungswege aufzuzeigen. Im Kontext von Führung sorgen sie für eine Abkehr von einem bloßen Gehorsam hin zu einem führenden Coaching für den beruflichen Alltag. Die Basis für alle systemischen Fragestellungen bildet dabei immer der Faktor Vertrauen.

Systemische Führung beabsichtigt daher immer die Arbeit mit und nicht gegen die Systemkräfte Sie erörtert Standpunkte und Sichtweisen und wägt sie gegeneinander ab. Außerdem ermöglicht sie die Erweiterung der eigenen Perspektive bei Prozessen der Entscheidungsfindung.

Eine systemische Führungskraft versucht die Mitarbeitenden in der Wechselwirkung zwischen deren Tätigkeiten und dem Unternehmen im Ganzen zu verstehen und daraus neue Perspektiven abzuleiten, die sowohl für das Unternehmen als auch für den Mitarbeiter Entwicklungspotenziale bieten. Ihre Aufgabe ist es, die verschiedenen Belange beider Parteien zielgerichtet herauszuarbeiten und sie gewinnbringend miteinander zu verbinden.

In der Kommunikation im Unternehmenskontext können systemische Fragen neue Wege eröffnen. Sie dienen der Informationsbeschaffung und sollen die Befragten zum Überdenken des eigenen Standpunkts anregen.

Im Rahmen dynamischer Arbeitswelten ist die Führungsaufgabe komplexer und vielseitiger geworden, sodass altbekannte Methoden nicht mehr wirksam und vollständig gewinnbringend im Arbeitszusammenhang eingesetzt werden können. Da Führungskräfte im Kontext der Veränderung von Arbeitswelten nicht mehr in der Lage sind, alles zu wissen und sämtliche Entscheidungen selbst zu treffen, ist es wichtig, dass sie Fähigkeiten erwerben, die in ihren Gesprächspartnern Reflexionsprozesse in Bezug auf unternehmensbedingte Sachverhalte auslösen. Gezielte und gut formulierte systemische Fragen helfen, die Perspektive zu verändern und komplexere Zusammenhänge anders oder neu zu denken.

Wenngleich Führung früher per Definition die Einflussnahme von Personen auf andere Personen darstellte, so ist diese Begriffserklärung heute nicht mehr ausreichend, um Führung in ihrer Komplexität zu beschreiben. Der Kompetenzbereich, mit dem Führung sich heute konfrontiert sieht, reicht weit über eine bloße Einflussnahme hinaus und fordert Führungskräfte in ihrem alltäglichen Arbeitsbereich auf multiplen Ebenen. Vor diesem Hintergrund ist die Führungsaufgabe wichtiger und anspruchsvoller geworden, als sie das noch vor einigen Jahren war. Die Instabilität und Unvorhersehbarkeit dynamischer Unternehmensprozesse und -strukturen erforderten daher ein Umdenken auf allen Ebenen.

Zum einen benötigt Führung ein höheres Maß an Koordination, zum anderen verschwimmen Arbeitszeiten und Strukturen (auch im Rahmen pandemischer Entwicklungen) so stark, dass ein fortlaufender Austausch schier unmöglich wird. Altbekannte Strukturen können diese Veränderungen nicht mehr auffangen und erfordern ein Umdenken.

In diesem Konflikt konnten die Vorteile systemischer Führung klar unter Beweis gestellt werden: Die zunehmende Selbstorganisation in Arbeitsprozessen wird mittels systemischer Fragestellungen durch Führung stark gefördert. Sie zeigt den Mitarbeitenden Räume auf, in deren Rahmen sie sich mit ihren Ideen und Anregungen frei bewegen können, um Unternehmensaufgaben zu lösen. Autonomes und selbstständiges Arbeiten von Mitarbeitenden werden hierdurch bestärkt und steigern die Leistungen aufgrund höherer Mitarbeiterzufriedenheit. Der Anker dieser selbst organisierten Prozesse stellt dabei immer die Kommunikation zwischen Führungskräften und Mitarbeitenden dar. Traditionelle Führungsvorstellungen werden zunehmend zugunsten selbst organisierter Systeme aufgelöst, in denen die Führungskraft sich mehr als Berater oder Coach statt als Kommandeur und Kontrolleur versteht.

Systemische Fragestellungen, gepaart mit emotionaler Intelligenz, gut ausgeprägten Kommunikationsfähigkeiten sowie der nötigen Portion an Einfühlungsvermögen, werden damit zu den zentralen Schlüsselelementen moderner Führung. Damit geht es zunehmend nicht mehr um die Theorie der Führung, sondern vielmehr um eine systemische Grundhaltung, die Führung ermöglicht.

Systemische Fragetechniken unterstützen im Kontext von Führung dabei, Unterschiede herauszustellen und zu verdeutlichen. Konkrete Handlungsanweisungen für eine bestimmte

Führungstheorie werden im systemischen Kontext allerdings nicht geliefert. Sie lassen sich schlichtweg nicht ableiten.

Hat Ihnen das Buch gefallen? Ich freue mich über Ihre Bewertung, denn das hilft mir wirklich sehr. So kann ich entweder etwas verbessern oder weiß es zu schätzen, dass Sie mein Buch gelesen haben, und möchte mich für Ihre Zeit bedanken.

Vielen Dank und alles Gute.

Quellen

Z. A. B. V. L. K. (2017, 22. Mai). *ZUHÖREN: SCHLÜSSELKOMPETENZ EINER FÜHRUNGSKRAFT*. DER LEITERBLOG. Abgerufen am 9. Juli 2022, von https://der-leiterblog.de/2017/05/22/zuhoeren-schluesselkompetenz-einer-fuehrungskraft/

6 W-Methode | Design Thinking Methoden Katalog. (o. D.). designthinking-methods.com. Abgerufen am 9. Juli 2022, von https://www.designthinking-methods.com/1Empathie/6w.html

6-W-Fragetechnik. (o. D.). Academic dictionaries and encyclopedias. Abgerufen am 9. Juli 2022, von https://de-academic.com/dic.nsf/dewiki/12097#Offene_W-Fragen_in_der_Praxis

A. (o. D.-a). *Aktives Zuhören: Die wichtigsten Tipps im Überblick! •*. Asana. Abgerufen am 9. Juli 2022, von https://asana.com/de/resources/active-listening

A. (o. D.-b). *Zusammenarbeit am Arbeitsplatz: 11 Tipps für noch mehr Leistung •*. Asana. Abgerufen am 9. Juli 2022, von https://asana.com/de/resources/collaboration-in-the-workplace

A. (2020a, August 13). *Kündigungsgespräch: Wie sage ich es meinem Mitarbeiter?* dhz.net. Abgerufen am 9. Juli 2022, von https://www.deutsche-handwerks-zeitung.de/das-kuendigungsgespraech-wie-sage-ich-es-meinem-mitarbeiter-159548/

A. (2020b, Oktober 7). *9 Tipps für die erfolgreiche Zusammenarbeit in einem Team.* AG5. Abgerufen am 9. Juli 2022, von https://www.ag5.com/de/zusammenarbeit-in-einem-team-tipps/

Aktives Zuhören als Werkzeug der Mitarbeiterführung. (2021, 16. Dezember). Personalwissen. Abgerufen am 9. Juli 2022, von https://www.personalwissen.de/fuehrung/mitarbeitergespraeche/aktives-zuhoeren-fuehrungskraefte/

Angabe, K. (2011, 2. August). *Im Kundengespräch: Wer fragt, der führt!* Vertrieb - Versicherungsbote.de. Abgerufen am 9. Juli 2022, von https://www.versicherungsbote.de/id/77890/Kundentypen-Gesprachsfuhrung-Kunden-Beratung-Fragetechnik-Vertrieb/

Arbeit am Ich - mit Selbstreflexion zu guter Führung | FÜHRUNG & ORGANISATION. (2014, 15. Juli). genios.de. Abgerufen am 9. Juli

2022, von
https://www.genios.de/wirtschaft/arbeit_am_ich_mit_selbstreflexion_zu/c_fuehrung_20140715.html

B. (2012, 19. Dezember). *Das Ideenkorbprinzip: Schnelle Problemlösungen im Team, die Spaß machen!* borisgloger consulting. Abgerufen am 9. Juli 2022, von
https://www.borisgloger.com/blog/2012/12/19/das-ideenkorbprinzip-schnelle-problemlosungen-im-team-die-spas-machen

B. (2020c, Mai 29). *Zusammenarbeit – So gelingt das Teamwork.* STANDSOME WORKLIFESTYLE | Stehschreibtisch. Abgerufen am 9. Juli 2022, von https://standsome.com/work-life-style/zusammenarbeit/

Bast, V. (o. D.). *Aktiv zuhören So werden Chefs zu besseren Zuhörern.* indeed.com. Abgerufen am 9. Juli 2022, von
https://www.impulse.de/management/personalfuehrung/besser-zuhoeren/3550549.html

Baudenbacher GmbH. (2020, 27. Mai). *Das Motivationsgespräch - Ein essenzielles Führungswerkzeug.* pressebox.de. Abgerufen am 9. Juli 2022, von
https://www.pressebox.de/pressemitteilung/baudenbacher-gmbh/Das-Motivationsgespraech-Ein-essenzielles-Fuehrungswerkzeug/boxid/1007784

Baumann, S. (2022, 4. April). *Selbstreflexion: Wenn im Assessment Selbst- und Fremdbild aufeinandertreffen*. WEKA Business Media AG. Abgerufen am 9. Juli 2022, von https://www.weka.ch/themen/personal/personalplanung-und-rekrutierung/assessment/article/selbstreflexion-wenn-im-assessment-selbst-und-fremdbild-aufeinandertreffen/

Bekar, Ö. (2022a, Januar 4). *Bewerbungsverfahren: Wahrnehmung und Beurteilung*. Einstellungstest. Abgerufen am 9. Juli 2022, von https://www.einstellungstest.de/wahrnehmung-und-beurteilung-im-bewerbungsverfahren/

Bekar, Ö. (2022b, Januar 4). *Fragen zu fachlichen Kompetenzen*. Einstellungstest. Abgerufen am 9. Juli 2022, von https://www.einstellungstest.de/zur-theorie-des-fragens-fragen-zu-fachlichen-kompetenzen/

Bergauer, T. (2009, 16. Juli). *Connecting Teams: Gute Zusammenarbeit der Mitarbeiter ist für Unternehmen erfolgsentscheidend*. business-wissen.de. Abgerufen am 9. Juli 2022, von https://www.business-wissen.de/artikel/connecting-teams-gute-zusammenarbeit-der-mitarbeiter-ist-fuer-unternehmen-erfolgsentscheidend/

Berger, D. (o. D.). *dot.coaching erklärt - Was sind systemische Fragen?* dotag.ch. Abgerufen am 11. Juli 2022, von https://www.dotag.ch/blog/dot.coaching-erkl%C3%A4rt-was-sind-systemische-fragen

Bewerbungsgespräch führen - Leitfaden fÃ¼r Arbeitgeber. (o. D.). indeed.com. Abgerufen am 9. Juli 2022, von https://de.indeed.com/recruiting/c/info/bewerbungsgespr%C3%A4ch-f%C3%BChren-leitfaden-f%C3%BCr-arbeitgeber?gclid=CjwKCAjwq5-WBhB7EiwAl-HEkreykFDazKw95dpxIiI5PARkEUYS4vVrYX5FrDGXts7jurh2_SkZZxoCFt4QAvD_BwE&aceid=

Bewerbungsgespräch führen: So stellen Sie die richtigen Fragen. (2020, 10. Juni). coaches.xing.com. Abgerufen am 9. Juli 2022, von https://www.roberthalf.de/unsere-zusammenarbeit/news-info-center/recruiting-tipps/recruiting-prozess/fragen-bewerbungsgespraech

Bloch, A. (2021, 22. November). *Erfolgreiche Führung mit systemischem Leadership*. WIFI Tirol Blog. Abgerufen am 9. Juli 2022, von https://www.tirol.wifi.at/blog/erfolgreiche-fuehrung-mit-systemischem-leadership/

Bornemann, S. (2014, 28. April). *Führen über Ziele – Das Zielvereinbarungsgespräch*. lead & conduct ! - GmbH. Abgerufen am 9. Juli 2022, von https://lead-conduct.de/2014/04/28/ziele-das-zielvereinbarungsgespraech/#:%7E:text=Ein%20Zielvereinbarungsgespr%C3%A4ch%20macht%20man%20nicht,dem%20Mitarbeiter%20Vorgaben%20zu%20machen.

Boxler, S. K. (2022, 10. März). *Wirkungsvolle Mitarbeitergespräche: Darum lohnt sich der Einsatz von Fragetechniken*. WEKA Business Media AG. Abgerufen am 9. Juli 2022, von https://www.weka.ch/themen/fuehrung-kompetenzen/mitarbeiterfuehrung/mitarbeitergespraeche/article/wirkungsvolle-mitarbeitergespraeche-darum-lohnt-sich-der-einsatz-von-fragetechniken/

Buller, M. (2022, 19. Januar). *Kündigungsgespräch führen: So bereiten Sie sich richtig vor*. Personio. Abgerufen am 9. Juli 2022, von https://www.personio.de/hr-lexikon/kuendigungsgespraech-fuehrungskraefte/

Capital. (2022, 6. Juli). *Gute Führung: Warum ist die geistige Einstellung so wichtig?* capital.de. Abgerufen am 9. Juli 2022, von https://www.capital.de/karriere/gute-fuehrung--warum-ist-die-geistige-einstellung-so-wichtig--32515924.html

Carbonaro, M. (2019, 7. Mai). *Moderation ist eine Basisfähigkeit für Führungskräfte*. experto.de. Abgerufen am 9. Juli 2022, von https://www.experto.de/businesstipps/moderation-ist-eine-basisfaehigkeit-fuer-fuehrungskraefte.html#:%7E:text=Mit%20dem%20Instrument%20Moderation%20kann,ein%20gr%C3%B6%C3%9Feres%20Engagement%20der%20Mitarbeiter.

Daigeler, T. S. K. (2018, 25. Mai). *Führung und Kommunikation: Leadership der Zukunft*. Haufe Akademie. Abgerufen am 9. Juli 2022, von https://www.haufe-akademie.de/blog/themen/fuehrung-und-leadership/fuehrung-und-kommunikation/

Diese 5–10-15 Eigenschaften beweisen gute Führungskräfte! (o. D.). karriereakademie.de. Abgerufen am 9. Juli 2022, von https://www.karriereakademie.de/eigenschaften-gute-fuehrungskraft

Drittner, R. (2021, 20. August). *Moderieren, Lateral fÃ¼hren: Teams und Meetings effizient leiten*. fuehren-in-produktion-logistik.de. Abgerufen am 9. Juli 2022, von https://www.fuehren-in-produktion-logistik.de/Workshop-Moderieren-Lateral-fuehren.html

Der Einfluss zeitgemäßer Führung (o. D.). Berlitz. Abgerufen am 9. Juli 2022, von https://www.berlitz.com/de-de/blog/zeitgemaesse-fuehrung

Führung in Zahlen - brand eins online. (o. D.). brandeins.de. Abgerufen am 9. Juli 2022, von https://www.brandeins.de/magazine/brand-eins-wirtschaftsmagazin/2015/fuehrung/fuehrung-in-zahlen

Feedbackgespräch: Checkliste für Arbeitgeber. (o. D.). rexx systems. Abgerufen am 9. Juli 2022, von https://www.rexx-systems.com/hr-glossar/feedbackgespraech/

Feedbackgespräch: Definition, Ziele & Umsetzung. (2021, 27. April). softgarden. Abgerufen am 9. Juli 2022, von https://softgarden.com/de/ressourcen/glossar/feedbackgespraech/

Fleig, J. (2020, 10. November). *Zusammenarbeit: Kommunikation zwischen Teams verbessern.* business-wissen.de. Abgerufen am 9. Juli 2022, von https://www.business-wissen.de/artikel/zusammenarbeit-kommunikation-zwischen-teams-verbessern/

Fleig, J. (2022, 7. Februar). *Beispiele für systemische Fragen.* business-wissen.de. Abgerufen am 9. Juli 2022, von https://www.business-wissen.de/premium/beispiele-fuer-systemische-fragen/

Fragetechniken – Fragearten, Übersicht und Anwendungsbereiche. (o. D.). Landsiedel-Seminare. Abgerufen am 9. Juli 2022, von https://www.landsiedel-seminare.de/coaching-welt/wissen/coaching-methoden/fragetechniken.html

Fritz, P. (2022, 10. Februar). *Systemische Fragen als Führungsinstrument.* FRITZ Führungskreise. Abgerufen am 9. Juli 2022, von https://www.fritz.tips/systemische-fragen-als-fuehrungsinstrument/

Führen mit Zielen. (2020, 22. September). Schumann – Die Talententwickler. Abgerufen am 9. Juli 2022, von https://www.die-talententwickler.de/fuehren-mit-zielen-seminar/#

Führmann, U. (2020, 27. August). *Systemische Fragen für die interne Kommunikation nutzen*. Ulrike Führmann. Abgerufen am 11. Juli 2022, von https://www.interne-kommunikation.info/systemische-fragen-fuer-die-interne-kommunikation-nutzen/

Führung: Aufgaben, Ziele, Mitarbeiter und erfolgrreiche Führungsstile. (2022, 20. Mai). Personalwissen. Abgerufen am 9. Juli 2022, von https://www.personalwissen.de/fuehrung/

Führungskompetenz: 10 Praxis-Tipps für Führungskräfte. (2021, 7. September). *Führungskompetenz: 10 Praxis-Tipps für Führungskräfte.* Haufe Akademie. Abgerufen am 9. Juli 2022, von https://www.haufe-akademie.de/blog/themen/fuehrung-und-leadership/10-praxis-tipps-fuer-fuehrungskraefte/

Führungskultur im Unternehmen verändern | Brainbirds. (o. D.). brainbirds.com. Abgerufen am 9. Juli 2022, von https://www.brainbirds.com/de/unternehmen-voranbringen/agile-fuehrung

Führungsziele: Ziele von Führung. (o. D.). wpgs.de. Abgerufen am 9. Juli 2022, von https://wpgs.de/fachtexte/fuehrung-von-mitarbeitern/ziele-von-fuehrung-fuehrungsziele/#Ziele_fuer_Fuehrungskraefte_in_der_Praxis

G. (2021a, Februar 9). *Die neue Rolle von Kommunikation in Führung und Zusammenarbeit.* F.A.Z.-Personaljournal. Abgerufen am 9. Juli

2022, von https://www.faz-personaljournal.de/ausgabe/01-2021-ausgabe/die-neue-rolle-von-kommunikation-in-fuehrung-und-zusammenarbeit-2027/#:%7E:text=Gute%20Kommunikation%20geht%20jedoch%20weit,ist%20ein%20Wir%2DGef%C3%BChl%20motivierend.

Gaida, V. (2022, 20. Mai). *Zusammenarbeit im Team verbessern ▶ 4 Erfolgsfaktoren*. factro. Abgerufen am 9. Juli 2022, von https://www.factro.de/blog/zusammenarbeit-im-team-verbessern/

Geropp, B. (2019, 4. Oktober). *Aktiv zuhören! So geht's richtig!* Bernd Geropp. Abgerufen am 9. Juli 2022, von https://www.mehr-fuehren.de/aktiv-zuhoeren/

Geschlossene Fragen | marktforschung.de. (o. D.). Marktforschung.De. Abgerufen am 9. Juli 2022, von https://www.marktforschung.de/wiki-lexikon/marktforschung/Geschlossene%20Fragen/

GmbH, S. (2019, 25. September). *Die 5 größten Probleme der internen Kommunikation – plus Lösungsansätze aus der Praxis – Staffbase | Blog*. staffbase.com. Abgerufen am 9. Juli 2022, von https://staffbase.com/blog-de/probleme-interne-kommunikation-2020/

Götsch, A. (2020, 14. August). *a-035cc9dd-58c7-48f3-b9ef-c1cc63d07b34*. manager magazin, Hamburg, Germany. Abgerufen am 9. Juli 2022, von https://www.manager-magazin.de/harvard/fuehrung/schwierige-gespraeche-systemische-fragen-fuer-chefs-a-035cc9dd-58c7-48f3-b9ef-c1cc63d07b34

Grannemann, U. (2013, 21. August). *Drei Ziele der Führung – Leadion*. coach-und-mentor.de. Abgerufen am 9. Juli 2022, von https://www.leadion.de/2013/08/21/Drei-Ziele-der-Fuehrung/

Grolman, F. (2020, 26. September). *Zielvereinbarungsgespräche: So vermeiden Sie die häufigsten Fehler*. initio Organisationsberatung. Abgerufen am 9. Juli 2022, von https://organisationsberatung.net/zielvereinbarungsgespraech-zielgespraeche-richtig-fuehren/#Zielvereinbarungsgespraeche_Motivation_durch_Sinnstiftung

Grolman, F. (2022, 21. März). *Systemische Führung: Die Grundprinzipien agiler Führung einfach erklärt*. initio Organisationsberatung. Abgerufen am 9. Juli 2022, von https://organisationsberatung.net/systemische-fuehrung/#Systemische_Fuehrung_8211_Fazit

Hammer, G. (2018, 9. März). *Führungskompetenz durch Selbstreflexion*. linkedin.com. Abgerufen am 9. Juli 2022, von https://de.linkedin.com/pulse/f%C3%BChrungskompetenz-durch-selbstreflexion-g%C3%BCnter-hammer

Happich, G. (2022, 2. Juni). *Reflexionsfragen für Führungskräfte: Mit diesen Fragen bleiben Sie "auf Kurs"*. Der Leistungsträger-Blog. Abgerufen am 9. Juli 2022, von https://leistungstraeger-blog.de/reflexionsfragen/

Heidenberger, B. (2020, 16. Juli). *Ein Motivationsgespräch führen oder was ich von meinem Fußballtrainer gelernt habe*. ZEITBLÜTEN. Abgerufen am 9. Juli 2022, von https://www.zeitblueten.com/news/motivationsgespraech-fuehren/

Heidenberger, B. (2022a, März 16). *Jahresgespräch führen: 3 Checklisten, 17 Fragen, Vorlagen, Tipps, Leitfaden & Beurteilungsbogen*. ZEITBLÜTEN. Abgerufen am 9. Juli 2022, von https://www.zeitblueten.com/news/das-jahresgespraech-so-fuehren-sie-es-richtig/

Heidenberger, B. (2022b, März 16). *Zielvereinbarungsgespräch führen → Vorlagen, Beispiele & 11 Tipps*. ZEITBLÜTEN. Abgerufen am 9. Juli 2022, von https://www.zeitblueten.com/news/zielvereinbarungsgespraech/

Heidenberger, B. (2022c, Mai 9). *Interne Kommunikation: Vermeiden Sie diese 11 Fehler!* ZEITBLÜTEN. Abgerufen am 9. Juli 2022, von https://www.zeitblueten.com/news/interne-kommunikation/

Hertling, S. (2022, 8. April). *Kompetenzen der Zukunft*. RKW Kompetenzzentrum. Abgerufen am 9. Juli 2022, von https://www.rkw-kompetenzzentrum.de/publikationen/leitfaden/kompetenzen-der-zukunft/

Hettl, M. K. (2022, 10. März). *Aktives Zuhören: Aktiv Zuhören und Feedback geben*. WEKA Business Media AG. Abgerufen am 9. Juli 2022, von https://www.weka.ch/themen/fuehrung-kompetenzen/mitarbeiterfuehrung/fuehrungsinstrumente/article/aktives-zuhoeren-aktiv-zuhoeren-und-feedback-geben/

Hetzer, D. (2021, 10. Juni). *Leadership: Diese Eigenschaften und Fähigkeiten sollten Führungskräfte mitbringen*. business-wissen.de. Abgerufen am 9. Juli 2022, von https://www.business-wissen.de/artikel/leadership-diese-eigenschaften-und-faehigkeiten-sollten-fuehrungskraefte-mitbringen/

Hoch, D. (2018, 19. Dezember). *Folgen mangelnder Kommunikation*. Daniel Hoch. Abgerufen am 9. Juli 2022, von https://www.danielhoch.com/allgemein/folgen-mangelnder-kommunikation/

Holl, C. (2020, 24. März). *Klare Sprache statt Kauderwelsch: Warum Chefs verständlich reden sollten*. roberthalf.de. Abgerufen am 9. Juli 2022, von https://www.roberthalf.de/blog/klare-sprache-statt-kauderwelsch-warum-chefs-verstaendlich-reden-sollten

Horn, H. (2021, 13. April). *Systemische Führung – Drei Ansatzpunkte*. Synnous. Abgerufen am 9. Juli 2022, von https://synnous.de/systemische-fuehrung/

Howell, N. (2021, 25. Oktober). *Teamarbeit: Tipps zur Verbesserung der Zusammenarbeit*. Allegra. Abgerufen am 9. Juli 2022, von https://www.trackplus.com/blog/de/teamarbeit-tipps-zur-verbesserung-der-zusammenarbeit/

https:\/\/blog.neuronation.com\/de\/author\/#author. (2022, 29. Juni). *Kommunikationsprobleme im Alltag vermeiden | NeuroNation*. NeuroNation |. Abgerufen am 9. Juli 2022, von https://blog.neuronation.com/de/kommunikationsprobleme/

https:\/\/www.humanresourcesmanager.de\/author\/webmaster\/#author. (2022, 18. Februar). *Was ist "gute Führung"?* Human Resources Manager. Abgerufen am 9. Juli 2022, von https://www.humanresourcesmanager.de/leadership/was-ist-gute-fuehrung/#:%7E:text=Gute%20F%C3%BChrung%20besteht%20darin%2C%20den,um%20sich%20selbst%20zu%20f%C3%BChren.&text=Wie%20diese%20%C3%9Cbersicht%20zu%20nutzen,eigenen%20R%C3%BCcken%20frei%20zu%20wissen.

J. (2022a, Juni 20). *Über welche Eigenschaften muss eine erfolgreiche Führungskraft verfügen?* Greator. Abgerufen am 9. Juli 2022, von https://greator.com/eigenschaft-fuehrungskraft/

Jaax, L. (o. D.). *Teamgespräche leiten So finden Sie heraus, was Ihre Mitarbeiter wirklich denken*. impulse.de. Abgerufen am 9. Juli 2022, von https://www.impulse.de/management/personalfuehrung/team gespraeche-leiten/3550581.html

Jimenez B., J. J. (2021, 23. August). *Selbstreflexion -Eine Kernkompetenz von Führungskräften*. commma. Abgerufen am 9. Juli 2022, von https://www.commma.de/selbstreflexion-eine-wichtige-kernkompetenz-von-fuehrungskraeften#:%7E:text=Feedback%20einholen,verschiedene %20Pers%C3%B6nlichkeiten%20und%20Ebenen%20abzudecken.

Jung, D. (2021, 2. Juni). *Systemische Zukunftsszenarien in der Beratung* •. denkmodell. Abgerufen am 9. Juli 2022, von https://denkmodell.de/systemische-zukunftsszenarien-in-der-beratung/

K. (2020d, November 10). *Zielvereinbarungsgespräche richtig führen - Kommunikationsberatung Dr. K.* Kommunikationsberatung Dr. Karin Kroeninger. Abgerufen am 9. Juli 2022, von https://kkkroeninger.de/zielvereinbarungsgespraeche-richtig-fuehren/

K. (2021b, August 4). *7 systemische Fragetechniken für Coaching & Beratung [mit Vorlage]*. Karl Hosang. Abgerufen am 9. Juli 2022, von https://karlhosang.de/systemische-fragetechniken/

Kapust, A. (2022, 23. Mai). *6W Methode*. QUALITY.DE. Abgerufen am 9. Juli 2022, von https://www.quality.de/lexikon/6w-methode/

Keil, M. (2021, 10. Mai). *Mehr Erfolg im Vertrieb: Mit den richtigen Fragetechniken*. blog.hubspot.de. Abgerufen am 9. Juli 2022, von https://blog.hubspot.de/sales/fragetechniken

Kmenta, R. (2022, 18. Februar). *Suggestivfragen*. Roman Kmenta - Keynote Speaker und Unternehmer. Abgerufen am 9. Juli 2022, von https://www.romankmenta.com/suggestivfragen/

Konflikte im Team: Was tun bei dicker Luft? 31 Tipps. (o. D.). Berliner Team. Abgerufen am 9. Juli 2022, von https://www.berlinerteam.de/magazin/konflikte-im-team-was-tun-bei-dicker-luft-31-tipps/

Konstruktive Kritik äußern ▷spezifisch ÜBEN, Beispiele, Tipps. (o. D.). Karriereakademie. Abgerufen am 9. Juli 2022, von https://www.karriereakademie.de/konstruktive-Kritik

Kranz, A. (2021a, Dezember 7). *Das oft unterschätzte Element einer guten Führungskultur: Wie Sie die Vorbildfunktion der Führungskraft nutzen*. Axel Kranz. Abgerufen am 9. Juli 2022, von https://www.axel-kranz.com/das-oft-unterschaetzte-element-einer-guten-fuehrungskultur-wie-sie-ihre-vorbildfunktion-als-fuehrungskraft-nutzen/

Kranz, A. (2021b, Dezember 7). *Führungskultur: Was macht gute Führung heute aus?* Axel Kranz. Abgerufen am 9. Juli 2022, von https://www.axel-kranz.com/fuehrungskultur-was-macht-gute-fuehrung-heute-aus/

Kritikgespräch führen – wie kritisiert man als Führungskraft erfolgreich und respektvoll? (o. D.). m.sgd.de. Abgerufen am 9. Juli 2022, von https://m.sgd.de/magazin/leben-lernen/ratgeber/personalmanagement/kritikgespraech-fuehren-wie-kritisiert-man-als-fuehrungskraft-erfolgreich-und-respektvoll.html

Krüger, E. (2016, 3. November). *10 geniale Coachingfragen für das Mitarbeitergespräch.* Dardo Consulting. Abgerufen am 9. Juli 2022, von https://dardo-consulting.com/blog/coachingfragen-mitarbeitergesprach/

Laube, T. (2022, 2. März). *Fragetechniken: 10 systemische Fragen für Führungskräfte.* business-wissen.de. Abgerufen am 9. Juli 2022, von https://www.business-wissen.de/artikel/fragetechniken-10-systemische-fragen-fuer-fuehrungskraefte/

Leichsenring, H. (2021, 7. Februar). *Gute Führung ist wichtig für den Erfolg*. Bank-Blog. Abgerufen am 9. Juli 2022, von https://www.der-bank-blog.de/gute-fuehrung-erfolg/studien/fuehrung_leadership/24053/#:%7E:text=Anteil%20guter%20F%C3%BChrungskr%C3%A4fte%20wird%20kritisch%20gesehen&text=Laut%20Studie%20k%C3%B6nnten%20Unternehmen%20ihre,eine%20bessere%20Leistung%20zeigen%20k%C3%B6nnte.

Leiter, R. F. (2022, 7. Februar). *Systemische Führung – Wie Sie Mitarbeiterteams leistungsfähiger machen.* SELECTEAM Supporting Your Success. Abgerufen am 9. Juli 2022, von https://www.selecteam.de/systemische-fuehrung-wie-sie-mitarbeiterteams-leistungsfaehiger-machen/

Leitfaden Kündigungsgespräch | Monster.de. (2017, 28. August). Hiring DE GR Merchandise. Abgerufen am 9. Juli 2022, von https://www.monster.de/mitarbeiter-finden/hr-know-how/personalmanagement/mitarbeiterfuhrung/leitfaden-kuendigungsgespraech-70059/

Leitfaden Kündigungsgespräch – Vorbereitung und Durchführung. (o. D.). von Rundstedt. Abgerufen am 9. Juli 2022, von https://www.rundstedt.de/wissen/das-kuendigungsgespraech-vorbereitung-und-durchfuehrung

Leitfaden Motivationsgespräch | Monster.de. (2022, 22. April). Hiring DE GR Merchandise. Abgerufen am 9. Juli 2022, von https://www.monster.de/mitarbeiter-finden/hr-know-how/personalmanagement/mitarbeiterfuhrung/leitfaden-motivationsgespraech-70810/

Level up: Führung verbessern durch Selbstreflexion. (2019, 2. Dezember). zweikern. Abgerufen am 9. Juli 2022, von https://media.zweikern.com/de/index/level-up-fuehrung-verbessern-durch-selbstreflexion

Lichtenberg, B. (2019, 13. Januar). *Gute Führung braucht Kommunikation: So schaffen Sie es!* Bettina Lichtenberg. Abgerufen am 9. Juli 2022, von https://www.bettinalichtenberg.com/gute-fuehrung/

Linden, E. (2020, 3. Juli). *WOZU SYSTEMISCH ENTSCHEIDEN?* Zentrum für systemische Forschung und Beratung. Abgerufen am 11. Juli 2022, von https://www.systemiker.com/news/2020/7/3/wozu-systemisch-entscheiden

M. (2021c, Oktober 29). *Zielvereinbarungsgespräche führen: Der ultimative Guide*. TAM Akademie. Abgerufen am 9. Juli 2022, von https://tam-akademie.de/das-gelungene-zielvereinbarungsgespraech/

M. (2022b, Januar 31). *6W-Fragetechnik*. TrainingsManufaktur. Abgerufen am 9. Juli 2022, von https://trainingsmanufaktur.de/6w-fragetechnik/

Mai, J. (2020, 25. Oktober). *Kündigungsgespräch: Was Sie beachten sollten*. karrierebibel.de. Abgerufen am 9. Juli 2022, von https://karrierebibel.de/kuendigungsgespraech/

Mai, J. (2021a, Juni 8). *Feedbackgespräch: Ablauf, Vorbereitung, Tipps*. karrierebibel.de. Abgerufen am 9. Juli 2022, von https://karrierebibel.de/feedbackgespraech/

Mai, J. (2021b, Juni 8). *Systemisches Fragen: Wer fragt, der führt*. karrierebibel.de. Abgerufen am 9. Juli 2022, von https://karrierebibel.de/systemisches-fragen/

Mai, J. (2021c, Juli 10). *Kritikgespräch führen: Tipps, wie Sie erfolgreich kritisieren*. karrierebibel.de. Abgerufen am 9. Juli 2022, von https://karrierebibel.de/kritikgespraech/

Mai, J. (2021d, November 13). *Zuhören lernen: 8 einfache Tipps für besseres Zuhören*. karrierebibel.de. Abgerufen am 9. Juli 2022, von https://karrierebibel.de/zuhoren-lernen/

Mai, J. (2022a, März 10). *Rhetorische Frage: 30 Beispiele + Wirkung und Bedeutung*. karrierebibel.de. Abgerufen am 9. Juli 2022, von https://karrierebibel.de/rhetorische-frage/

Mai, J. (2022b, März 12). *Selbstreflexion: 60 Fragen + 5 Übungen zum wahren Ich*. karrierebibel.de. Abgerufen am 9. Juli 2022, von https://karrierebibel.de/selbstreflexion/

manager magazin. (2021, 11. Januar). *a-a4087d4f-47b5-4664-b7a7-2efc1eccc7bd*. manager magazin, Hamburg, Germany. Abgerufen am 9. Juli 2022, von https://www.manager-magazin.de/harvard/fuehrung/empathische-fuehrung-als-karrierefaktor-a-a4087d4f-47b5-4664-b7a7-2efc1eccc7bd

Mangelnde Kommunikation ist Motivationskiller. (2015, 8. September). Qualitätsmanagement und Qualitätssicherung: Das Fachportal | QZ-online.de. Abgerufen am 9. Juli 2022, von https://www.qz-online.de/a/news/mangelnde-kommunikation-ist-motivationsk-295023

Methoden und Techniken der Systemischen Beratung. (2013, 24. Juli). Begleitung und Perspektive. Abgerufen am 9. Juli 2022, von https://www.begleitungundperspektive.de/systemische-beratung/methoden-und-techniken-der-systemischen-beratung/

Mimlich, S. (2021, 20. April). *Selbstreflexion: Ich als Führungskraft*. runddenker. Abgerufen am 9. Juli 2022, von https://www.runddenker.at/blog/selbstreflexion-ich-als-fuehrungskraft.html

Mit Teamgesprächen die Zusammenarbeit optimieren - Andreas Dotzauer Beratung | Training | Coaching. (o. D.). andreas-dotzauer.de. Abgerufen am 9. Juli 2022, von https://www.andreas-dotzauer.de/teamgespraeche-zusammenarbeit-optimieren/

Mitarbeitergespräch führen: 7 Tabu- und 7 Erfolgs-Fragen. (o. D.). clocko:do. Abgerufen am 9. Juli 2022, von https://www.clockodo.com/de/ratgeber/mitarbeitergespraech-fuehren-7-tabu-fragen-und-7-erfolgs-fragen/#c4540-headline

Moskaliuk, J. (2017, 15. Oktober) *Systemische Fragen eröffnen neue Pespektiven*. ichraum.de. Abgerufen am 9. Juli 2022, von https://ichraum.de/systemische-fragen/

Motivationsgespräch: In 7 Schritten zu mehr Mitarbeitermotivation. (2021, 5. Mai). wirtschaftswissen.de. Abgerufen am 9. Juli 2022, von https://www.wirtschaftswissen.de/personal-undarbeitsrecht/mitarbeiterfuehrung/motivationstechniken/motivati onsgespraech/

N. (2022c, April 14). *Haben Sie Schwierigkeiten mit der Zusammenarbeit im Team? Befolgen Sie diese Tipps und Tricks.* MindManager Blog DE. Abgerufen am 9. Juli 2022, von https://blog.mindmanager.com/de/haben-sie-schwierigkeiten-mit-der-zusammenarbeit-im-team-befolgen-sie-diese-tipps-und-tricks/

Netigate Marketing. (2022, 2. Juni). *So stellen Sie offene und geschlossene Fragen.* Netigate. Abgerufen am 9. Juli 2022, von https://www.netigate.net/de/articles/umfrage-tipps/stellen-sie-geschlossene-und-offene-fragen-experten-tipps/

Neumann, A. (2020, 15. Februar). *Was macht Zusammenarbeit richtig gut?* Angelika Neumann. Abgerufen am 9. Juli 2022, von https://angelikaneumann.de/was-macht-zusammenarbeit-richtig-gut/

Nier, H. (2017, 17. August). *Was eine gute Führungskraft ausmacht.* Statista Infografiken. Abgerufen am 9. Juli 2022, von https://de.statista.com/infografik/10710/was-eine-gute-fuehrungskraft-ausmacht/

Noack, K. (2022, 26. April). *Rhetorische Fragen in Gesprächen, Reden und Präsentationen.* Karsten Noack Training & Coaching Berlin. Abgerufen am 9. Juli 2022, von https://www.karstennoack.de/rhetorische-fragen/#:%7E:text=Rhetorische%20Fragen%20sind%20Fragen%2C%20die,unbewusst%20in%20allt%C3%A4glichen%20Gespr%C3%A4chen%20verwendet.

Offene Fragen – Merkmale und Beispiele. (2022, 10. Mai). Qualtrics. Abgerufen am 9. Juli 2022, von https://www.qualtrics.com/de/erlebnismanagement/marktforschung/offene-fragen/#:%7E:text=Was%20sind%20offene%20Fragen%3F,keine%20Antwortm%C3%B6glichkeiten%20impliziert%20oder%20suggeriert.

Osman, J. (o. D.). *Gallup-Studie: Schlechte interne Kommunikation lähmt Unternehmen.* Agentur Junges Herz. Abgerufen am 9. Juli 2022, von https://www.agentur-jungesherz.de/blog/gallup-studie-schlechte-interne-kommunikation-laehmt-unternehmen/

Peters, G. (o. D.). *Systemische Fragen Wie Sie Ihre Teammitglieder zu Konfliktlösern machen.* impulse.de. Abgerufen am 9. Juli 2022, von https://www.impulse.de/management/personalfuehrung/systemische-fragen/7609033.html

Prieß, M. (2022, 5. Juli). *Führen heißt Kommunikation auf Augenhöhe.* cio.de. Abgerufen am 9. Juli 2022, von https://www.cio.de/a/fuehren-heisst-kommunikation-auf-augenhoehe,3109805

Prohaska, S. (2020, 2. November). *Fragetechnik: Diese Fragearten sollten Führungskräfte kennen*. business-wissen.de. Abgerufen am 9. Juli 2022, von https://www.business-wissen.de/artikel/fragetechnik-diese-fragearten-sollten-fuehrungskraefte-kennen/#:%7E:text=Zielorientierte%20Fragen%20bewirken%2C%20dass%20der,Ressourcen%20und%20m%C3%B6gliche%20Hindernisse%20erkannt.

Pütter, T. (2021, 27. April). *So funktioniert systemische Führung*. DENK NEU. Abgerufen am 9. Juli 2022, von https://www.denk-neu.com/systemische-fuehrung/

Pütter, T. (2022, 31. März). *Die sieben Phasen des Kritikgesprächs*. DENK NEU. Abgerufen am 9. Juli 2022, von https://www.denk-neu.com/sieben-phasen-des-kritikgespraechs/

Quast, E. (2022, 13. Juni). *Gute Führung – was ist das und was macht sie aus?* Coaching - Eric Quast. Abgerufen am 9. Juli 2022, von https://imchange.de/gute-fuehrung-was-ist-das-und-was-macht-sie-aus/

R. (2015, 4. September). *Motivationsgespräch*. Mitarbeitermotivation - Mitarbeiter und Personal führen. Abgerufen am 9. Juli 2022, von https://www.mitarbeitermotivation-anleitungen.de/mitarbeitergespraeche/motivationsgespraech/

Rassek, A. (2021, 27. August). *Selbstführung: Mehr Erfolg durch Reflexion*. karrierebibel.de. Abgerufen am 9. Juli 2022, von https://karrierebibel.de/selbstfuehrung/

Rittershaus, A. (2021, 20. Februar). *Wie führt man ein Konfliktgespräch? [als Führungskraft]*. TARGETTER. Abgerufen am 9. Juli 2022, von https://www.targetter.de/konfliktgespraech-fuehren/

Rögner, S. (2022, 18. Mai). *Kündigungsgespräche vorbereiten und führen*. perwiss.de. Abgerufen am 9. Juli 2022, von https://www.perwiss.de/kuendigung-ordentlich-fristlos-fristen-schutz.html

Rößler, A. (2019, 22. Mai). *Wie Sie ein Kritikgespräch führen*. business-wissen.de. Abgerufen am 9. Juli 2022, von https://www.business-wissen.de/hb/wie-sie-ein-kritikgespraech-fuehren/

Rößler, A. (2021, 3. November). *Führungskompetenz: Wie Empathie Führungskräften nützt*. business-wissen.de. Abgerufen am 9. Juli 2022, von https://www.business-wissen.de/artikel/fuehrungskompetenz-wie-empathie-fuehrungskraeften-nuetzt/

Rucker, N. (2019, 23. Juli). *Was ist systemische Organisationsentwicklung? - Lexikon*. teamazing. Abgerufen am 9.

Juli 2022, von https://www.teamazing.de/was-versteht-man-unter-systemischer-organisationsentwicklung/

Schell, G. (2021, 15. September). *Denkanstöße durch systemische Fragen*. diedenkweisen. Abgerufen am 9. Juli 2022, von https://diedenkweisen.de/blog/denkanstoesse-durch-systemische-fragen/

Schell, R. (2021, 15. September). *Die Macht der Selbstreflexion*. diedenkweisen. Abgerufen am 9. Juli 2022, von https://diedenkweisen.de/blog/die-macht-der-selbstreflexion/

Schiwietz, S. (2021a, April 30). *Mitarbeiterführung: 6 goldene Regeln und ihre Ausnahmen*. softgarden. Abgerufen am 9. Juli 2022, von https://softgarden.com/de/blog/goldene-regeln-mitarbeiterfuehrung/

Schiwietz, S. (2021b, Mai 3). *Zielvereinbarungsgespräche führen – so gelingt's*. softgarden. Abgerufen am 9. Juli 2022, von https://softgarden.com/de/blog/zielvereinbarungsgespraeche-fuehren/

Schmidt, M. (2017, 18. August). *Selbstreflexion: Checkliste für Führungskräfte*. www.martin-schmidt.at. Abgerufen am 9. Juli 2022, von http://www.martin-schmidt.at/selbstreflexion-checkliste-fuer-fuehrungskraefte/

Schmitz, H. (2020, 10. Juli). *Wirksame und zielorientierte Führung: Ziele setzen und erreichen!* b11. Abgerufen am 9. Juli 2022, von https://business-elf.de/wirksame-und-zielorientierte-fuehrung/

Schmitz, H. (2022, 21. April). *Konsequente Führung im Unternehmen.* b11. Abgerufen am 9. Juli 2022, von https://business-elf.de/konsequente-fuehrung-im-unternehmen/#:%7E:text=Denn%20nur%20wenn%20die%20F%C3%BChrungskr%C3%A4fte,von%20ihnen%20erwarten%20und%20fordern.

Schubert, J. (2019, 29. Juli). *Systemisches Fragen – schneller Probleme lösen.* Führungskräfte Akademie in Nürnberg. Abgerufen am 9. Juli 2022, von https://susannebohn.com/2019/07/29/systemisches-fragen-schneller-probleme-loesen/

Schüler, A. (2020, 23. Dezember). *Motivation mit der PAVIAN Methode.* Ausbilderwelt. Abgerufen am 9. Juli 2022, von https://ausbilderwelt.de/motivation-mit-der-pavian-methode/

Schüller, A. M. (2022, 10. Mai). *Die Macht der Worte: Beispiele für schlechte Kommunikation.* unternehmer.de | Tipps für KMU und Startup. Abgerufen am 9. Juli 2022, von https://unternehmer.de/management-people-skills/194334-schlechte-kommunikation-beispiele

Schulz, C. (2020, 28. September). *Achtung Schattenfrage – wie Du Suggestivfragen & Co. enttarnst und souverän parierst.* Consulting-Life.de. Abgerufen am 9. Juli 2022, von https://www.consulting-life.de/schattenfragen/

Schulz, C. (2022, 9. Juli). *Die 6-W Fragetechnik – eine Sache strukturiert analysieren.* Consulting-Life.de. Abgerufen am 9. Juli 2022, von https://www.consulting-life.de/6-w-fragetechnik/

Schumacher, O. (2022, 29. Januar). *Fragetechniken im Verkauf: 20 top Verkaufsfragen.* Oliver Schumacher. Abgerufen am 9. Juli 2022, von https://oliver-schumacher.de/fragetechniken-fragetechnik/

Schwerdtfeger, S. (2022a, Januar 19). *Aktives Zuhören für Führungskräfte: 3 wirksame Methoden.* Susanne Schwerdtfeger. Abgerufen am 9. Juli 2022, von https://coach-und-mentor.de/aktives-zuhoeren-fuehrungskraefte/

Schwerdtfeger, S. (2022b, Januar 19). *Führungskompetenz: Empathie ist wichtig für Erfolge als Führungskraft.* Susanne Schwerdtfeger. Abgerufen am 9. Juli 2022, von https://coach-und-mentor.de/fuehrungskompetenz-empathie/

Schwerdtfeger, S. (2022c, Juni 7). *Führungskompetenz: Kommunikationsfähigkeit.* Susanne Schwerdtfeger. Abgerufen am 9. Juli 2022, von https://coach-und-mentor.de/fuehrungskompetenz-kommunikationsfaehigkeit/

Seeger, C. (2019, 15. Mai). *Regeln und Routinen für die Kommunikation mit Mitarbeitern*. business-wissen.de. Abgerufen am 9. Juli 2022, von https://www.business-wissen.de/hb/regeln-und-routinen-fuer-die-kommunikation-mit-mitarbeitern/

Seminar: Lösungsansätze mit Systemischem Projektmanagement. (o. D.). Haufe Akademie. Abgerufen am 9. Juli 2022, von https://www.haufe-akademie.de/1836

Senninger, T. (o. D.). *Ziele setzen mit der SMART Regel*. wei-sen.de. Abgerufen am 9. Juli 2022, von https://www.wei-sen.de/toolbox/ziele.php

Speck, A. (2019, 21. März). *Kommunikation auf Augenhöhe statt Top-down*. springerprofessional.de. Abgerufen am 9. Juli 2022, von https://www.springerprofessional.de/interne-kommunikation/fuehrungsqualitaet/kommunikation-auf-augenhoehe-statt-top-down/16392134#:%7E:text=F%C3%BCr%20und%20in%20Unternehmen%20gilt,und%20Flurfunk%20an%20ihre%20Stelle.

Sprenger, C. (2022, 13. Januar). *Was macht gute Führung aus?* az Personalkonzepte. Abgerufen am 9. Juli 2022, von https://www.az-personalkonzepte.de/blog/was-macht-gute-fuehrung-aus-2/

Springauf, T. (2020, 30. Oktober). *Führen mit Empathie – Modeerscheinung oder must have?* LEADERSHIP ON FIRE. Abgerufen am 9. Juli 2022, von https://leadership-on-fire.com/empathie/fuehren-mit-empathie

Staudt, F. (2022, 22. Februar). *Mit Zielen führen: Zielvereinbarung, Planung und Umsetzung*. business-wissen.de. Abgerufen am 9. Juli 2022, von https://www.business-wissen.de/artikel/mit-zielen-fuehren-zielvereinbarung-planung-und-umsetzung/

Steinke, L. (2015, 12. Januar). *Wie schlechte Kommunikation Unternehmen zerstört*. RiskNET. Abgerufen am 9. Juli 2022, von https://www.risknet.de/themen/risknews/wie-schlechte-kommunikation-unternehmen-zerstoert/

stellenanzeigen.de. (2021, 24. August). *Empathie und Führung - Steht das im Widerspruch?* stellenanzeigen.de Arbeitgeberportal. Abgerufen am 9. Juli 2022, von https://www.stellenanzeigen.de/arbeitgeber/wecruit/empathie-und-fuehrung-steht-das-im-widerspruch/

stellenwerk. (o. D.). Stellenwerk.De. Abgerufen am 9. Juli 2022, von https://www.stellenwerk.de/magazin/jobsuche/zielvereinbarungsgespraeche-darum-sind-sie-wichtig/

Strömsdörfer, N. (2021, 15. Dezember). *6 essentielle Eigenschaften, die eine gute Führungskraft ausmachen*. Kununu Blog. Abgerufen am 9. Juli 2022, von https://news.kununu.com/6-essentielle-eigenschaften-die-eine-gute-fuehrungskraft-ausmachen/

Strupat, R. R. (2021, 18. November). *Kritikgespräch führen: Kritik üben richtig gemacht [+Formulierungen]*. BegeisterungsLand. Abgerufen am 9. Juli 2022, von https://begeisterungsland.de/kritikgespraeche/

Systemische Fragen. (o. D.). Metrionconsulting. Abgerufen am 9. Juli 2022, von https://metrionconsulting.de/inhalte/blog/systemische-fragen/

Systemische Fragen - Systemische Welt. (o. D.). systemische-welt.de. Abgerufen am 9. Juli 2022, von https://systemische-welt.de/Systemische_Fragen.html

Systemische Fragetechniken fÃ¼r mehr Erfolg im Beruf. (o. D.). Google Books. Abgerufen am 9. Juli 2022, von https://www.google.de/books/edition/Systemische_Fragetechniken_f%C3%BCr_mehr_Erf/ZbpoEAAAQBAJ?hl=de&gbpv=1&dq=systemische+fragetechniken&pg=PT5&printsec=frontcover

Systemische Therapie und Beratung- Dr. Elisabeth Kohrt. (o. D.). elisabethkohrt.de. Abgerufen am 11. Juli 2022, von https://www.elisabethkohrt.de/arbeitsschwerpunkte/systemische-therapie-und-beratung

Systemisches Fragen. (o. D.-a). Stangl-Taller.at. Abgerufen am 9. Juli 2022, von https://arbeitsblaetter.stangl-taller.at/PSYCHOTHERAPIE/Systemisches-Fragen.shtml

Systemisches Fragen. (o. D.-b). springerprofessional.de. Abgerufen am 11. Juli 2022, von https://www.springerprofessional.de/systemisches-fragen/11601086

systemisches Fragen . Online Lexikon für Psychologie und Pädagogik. (o. D.). lexikon.stangl.eu. Abgerufen am 9. Juli 2022, von https://lexikon.stangl.eu/13506/systemisches-fragen

T. (2021d, Oktober 20). *Lösungen im Team gemeinsam entwickeln | teamElephant Hamburg hilft*. teamElephant: Change Management & Moderation. Abgerufen am 9. Juli 2022, von https://www.teamelephant.de/umgang-mit-konflikten/wie-erreichen-wir-gemeinsame-loesungen/

Tödtmann, C. (2017, 22. März). *Gallup-Studie: Erwartungen an Führungskräfte & Führungsverhalten*. wiwo.de. Abgerufen am 9. Juli 2022, von https://www.wiwo.de/erfolg/beruf/gallup-studie-fuehrungskraefte-sind-der-wahre-produktivitaetskiller/19552634.html

Die Top 15 Problemlösungs-Aktivitäten für Ihr Team. (o. D.). wrike.com. Abgerufen am 9. Juli 2022, von https://www.wrike.com/de/blog/die-top-15-problemloesungs-aktivitaeten-fuer-ihr-team/

Top, C. A. C. O. (2021, 29. Juli). *Systemische Fragen für erfolgreiche Coachings*. COMPETENCE ON TOP. Abgerufen am 11. Juli 2022, von https://www.competenceontop.com/blog/systemische-fragen-fuer-erfolgreiche-coachings/

Tran, E. (2022, 31. Mai). *How to Ask Open-ended Questions (Guide + 80 Examples)*. AhaSlides. Abgerufen am 11. Juli 2022, von https://ahaslides.com/de/blog/complete-guide-to-open-ended-questions-with-examples/

Triebel, C. (2022, 7. März). *Feedbackgespräche und was sie nicht sein sollen*. Personio. Abgerufen am 9. Juli 2022, von https://www.personio.de/hr-lexikon/feedbackgespraeche-und-was-sie-nicht-sein-sollen/#:%7E:text=Was%20ist%20ein%20Feedbackgespr%C3%A4ch%3F,gute%20und%20konstruktive%20Feedbackgespr%C3%A4che%20f%C3%BChrt.

unternehmer.de. (2020, 18. Juni). *Aktives Zuhören: Warum es für gute Führungskräfte unerlässlich ist*. unternehmer.de | Tipps für KMU und Startup. Abgerufen am 9. Juli 2022, von https://unternehmer.de/management-people-skills/255882-aktives-zuhoeren-fuehrungskraefte

Vogel, I. (2020, 17. November). *Fragetechniken: Die richtigen Fragen im Verkaufsgespräch*. business-wissen.de. Abgerufen am 9. Juli 2022, von https://www.business-wissen.de/artikel/fragetechniken-die-richtigen-fragen-im-verkaufsgespraech/

Vogel, I. (2021, 29. Januar). *Fragetechnik: geschlossene und offene Fragen*. Verkaufstrainer Ingo Vogel. Abgerufen am 9. Juli 2022, von https://www.ingovogel.de/verkaufstraining/fragetechnik-geschlossene-offene-fragen/

W. (2020e, August 28). *Teamgespräch*. My CMS. Abgerufen am 9. Juli 2022, von https://www.weiss-entwicklung.ch/teamgespraeche/

Walden, I. (2019, 5. Juni). *Fünf Fehler in der internen Kommunikation, die kein Unternehmen braucht*. Zielbar. Abgerufen am 9. Juli 2022, von https://www.zielbar.de/magazin/fehler-interne-kommunikation-tipps-14950/

Weiler, C. (2020, 7. Juni). *Warum gute Führung im Alltag erkennbar wird*. weiler-seminare.de. Abgerufen am 9. Juli 2022, von https://www.weiler-seminare.de/blog/item/1-warum-gute-fuehrung-im-alltag-erkennbar-wird

Wie empathische Führung Ihrer Organisation zugute kommt. (2022, 3. März). JOIN. Abgerufen am 9. Juli 2022, von https://join.com/de/recruitment-hr-blog/empathische-fuehrung/#:%7E:text=F%C3%BChrungskr%C3%A4fte%2C%20die%20einf%C3%BChlsam%20sind%20und,und%20einem%20schnelleren%20Wachstum%20f%C3%BChrt.

Wie selbstreflektorische Fragen im Vorstellungsgespräch beantworten? (o. D.). Karriereakademie. Abgerufen am 9. Juli 2022, von https://www.karriereakademie.de/selbstreflektorische-fragen-vorstellungsgespraech

Wiebusch, R. (2022, 11. Februar). *Die Zusammenarbeit im Team verbessern mit vier Strategien.* SPENDIT AG. Abgerufen am 9. Juli 2022, von https://www.spendit.de/magazin/tipps-fuer-bessere-zusammenarbeit-im-team/

Wikipedia-Autoren. (2005, 25. April). *Fragetechnik.* wikipedia.org. Abgerufen am 9. Juli 2022, von https://de.wikipedia.org/wiki/Fragetechnik

Wolf, D. (2015, 22. Juli). *Selbstreflexion: Gute Führungskräfte erkennen zuerst sich selbst.* business-wissen.de. Abgerufen am 9. Juli 2022, von https://www.business-wissen.de/artikel/selbstreflexion-gute-fuehrungskraefte-erkennen-zuerst-sich-selbst/#:%7E:text=Haupteigenschaft%20einer%20guten%20F%C3%BChrungskraft%3A%20Sie,sind%20notwendige%20Eigenschaften%20einer%20F%C3%BChrungskraft.

Wollenberg, C. (2020, 9. Oktober). *Warum der richtige Kommunikationsstil einer Führungskraft so wichtig ist.* experto.de. Abgerufen am 9. Juli 2022, von https://www.experto.de/businesstipps/warum-der-richtige-kommunikationsstil-einer-fuehrungskraft-so-wichtig-ist.html

Wozu Führung - sieben Thesen. (o. D.). perso-net. Abgerufen am 9. Juli 2022, von https://www.perso-net.de/rkw/Wozu_F%C3%BChrung_-_sieben_Thesen

www.haufe.de. (2013, 26. September). *Selbstreflexion in der Führung | Personal | Haufe*. Haufe.de News und Fachwissen. Abgerufen am 9. Juli 2022, von https://www.haufe.de/personal/hr-management/selbstreflexion-in-der-fuehrung_80_199908.html

www.haufe.de. (2017, 23. Februar). *Kündigungsgespräch vorbereiten | Personal | Haufe*. Haufe.de News und Fachwissen. Abgerufen am 9. Juli 2022, von https://www.haufe.de/personal/hr-management/kuendigungsgespraech-tipps-vorbereitung-leitfaden/kuendigungsgespraech-vorbereiten_80_399832.html

www.soft-skills.com Soft Skills von A-Z und der Softskills Würfel von André Moritz user & www.soft-skills.com Soft Skills von A-Z und der Softskills Würfel von André Moritz user. (2018, 11. Oktober). *Führungskommunikation | Über das WIE, WAS und WARUM*. Soft Skills von A-Z und der Softskills Würfel von André Moritz. Abgerufen am 9. Juli 2022, von https://www.soft-skills.com/fuehrungskommunikation/

Haftungsausschluss:

Der Autor übernimmt keinerlei Gewähr für die Aktualität, Korrektheit, Vollständigkeit oder Qualität der bereitgestellten Informationen und weiteren Informationen.

Haftungsansprüche gegen den Autor, welche sich auf Schäden materieller oder ideeller Art beziehen, die durch die Nutzung der oder Nichtnutzung der dargebotenen Informationen bzw. durch die Nutzung fehlerhafter und unvollständiger Informationen verursacht wurden, sind grundsätzlich ausgeschlossen, sofern seitens des Autos kein nachweislich vorsätzliches oder grob fahrlässiges Verschulden vorliegt. Alle Angaben wurden vom Autor mit größter Sorgfalt und nach bestem Wissen und Gewissen recherchiert oder spiegeln seine eigene Meinung wider. Der Inhalt des Buches passt möglicherweise nicht zu jedem Leser / jeder Leserin und die Umsetzung folgt ausdrücklich auf eigenes Risiko. Es gibt keine Garantie dafür, dass alles genauso, bei jedem Leser / jeder Leserin, zu genau den gleichen Ergebnissen führt. Der Autor und / oder Herausgeber kann für etwaige Schäden jedweder Art aus keinem Rechtsgrund eine Haftung übernehmen.

Tillmann Rollenscheidt

1. Auflage
Gedruckt im Selbstverlag
Druck: Amazon Media EU S.à r.l., 5 Rue Plaetis, L-2338, Luxembourg
Kontakt: Eugen Grinschuk – Flurstraße 38 – 85402 Kranzberg
Cover Foto: depositphotos.com

Bibliografische Information der Deutschen Nationalbibliothek:
Die Deutsche Nationalbibliothek verzeichnet diese Publikation in der Deutschen Nationalbibliografie; detaillierte bibliografische Daten sind im Internet über http://dnb.d-nb.de abrufbar

Printed in Germany
by Amazon Distribution
GmbH, Leipzig

27660124R00097